U0171444

基于多元样条插值的有限元方法

陈 娟 著

科学出版社

北 京

内 容 简 介

本书系统介绍了采用多元样条插值基函数构造平面四边形、多边形和三维单元形状函数的有限元方法. 全书内容分为 6 章. 第 1 章简要介绍了弹性力学有限元方法的基本理论. 第 2 章概述了多元样条方法的基础知识, 包括光滑余因子协调法、B 网方法. 第 3 章介绍了 II 型三角剖分的平面凸四边形样条单元族的构造. 第 4 章讨论了 I 型三角剖分的平面四边形样条单元族的构造. 第 5 章将构造四边形样条单元的方法推广到构造任意多边形样条单元. 第 6 章介绍了三维样条单元的构造, 包括金字塔单元、六面体单元和三棱柱单元.第 3—6 章后部都根据弹性力学问题给出了相应样条单元.的数值算例.

本书可供计算数学、计算力学以及涉及工程计算的各工科专业的研究生和从事相关研究工作的研究人员参考.

图书在版编目 (CIP) 数据

基于多元样条插值的有限元方法/陈娟著. —北京: 科学出版社, 2020.4
ISBN 978-7-03-064850-1

Ⅰ.①基… Ⅱ.①陈… Ⅲ.①多元-样条插值-有限元方法 Ⅳ.①O174.42

中国版本图书馆 CIP 数据核字 (2020) 第 062194 号

责任编辑: 李 欣 范培培 / 责任校对: 彭珍珍
责任印制: 吴兆东 / 封面设计: 陈 敬

科学出版社 出版
北京东黄城根北街 16 号
邮政编码: 100717
http://www.sciencep.com

北京中石油彩色印刷有限责任公司 印刷
科学出版社发行 各地新华书店经销
*
2020 年 4 月第 一 版 开本: 720×1000 B5
2021 年 3 月第二次印刷 印张: 8 1/2
字数: 160 000
定价: 68. 00 元
(如有印装质量问题, 我社负责调换)

前　言

　　有限元方法是工程计算和数值分析中的一类重要方法, 其中一个核心问题是基于各种类型单元上的插值基函数 (或形状函数) 的构造. 为了使单元剖分具有灵活性, 通常会使用一些不规则的单元, 如平面的四边形、多边形以及三维的金字塔、六面体、三棱柱单元等. 此外, 为了减少自由度, 一般要求插值节点主要位于单元边界. 例如, 基于矩形的 Serendipity 单元族, 对应的形状函数是一组插值于边界节点的多项式基函数. 然而, 对于不规则单元却难以直接构造多项式插值基函数. 因此, 对于四边形单元, 需要通过等参变换, 将矩形单元转化为四边形等参单元; 对于多边形单元, 则通常需要采用有理函数插值基函数. 在实际计算中, 这些方法的不足是对直角坐标只有低阶完备性, 而且计算精度受单元网格畸变的影响较大. 故对不规则单元构造数值稳定的高精度单元一直是有限元方法中的一个研究热点问题.

　　本书主要介绍一种基于多元样条函数构造二维和三维不规则单元上的插值基函数的方法. 样条函数是满足一定连续性条件的分片多项式, 从数学上看, 有限元方法中的单元形状函数即一类样条插值基函数. 采用样条函数构造插值基函数的基本思想是, 将不规则单元进行三角剖分 (三维情形为四面体剖分), 通过适当地选取单元内部的连续性条件, 消去内部节点的自由度, 从而获得插值边界节点的样条基函数. 此外, 本书主要采用基于三角形面积坐标 (三维情形为四边形重心坐标) 的 B 网方法将分片多项式基函数表示为由 B 网系数组成的向量组, 可以从数学上证明样条单元形状函数对于不规则单元具有高阶完备性, 并且可以通过 B 网方法精确计算样条基函数的导数和积分, 从而简化有限元刚度矩阵的计算. 因此, 利用样条方法构造的有限元形状函数具有计算简便、精度高的优点.

　　作者在样条有限元方法的研究中先后两次获得国家自然科学基金的资助 (No.1110203, No.11572081), 在此表示衷心的感谢.

作　者

2019 年 12 月于大连

目　录

前言

第 1 章　弹性力学有限元方法简介 ·· 1

　1.1　弹性力学平面问题和三维问题的有限元格式 ···················· 1

　　1.1.1　弹性力学的基本方程 ··· 1

　　1.1.2　利用最小位能原理建立有限元方程 ························· 3

　1.2　平面单元 ··· 6

　　1.2.1　三角形单元 ·· 6

　　1.2.2　矩形单元 ·· 8

　1.3　三维单元 ··· 12

　　1.3.1　四面体单元 ··· 12

　　1.3.2　Serendipity 立方体单元 ······································· 14

　　1.3.3　直三棱柱单元 ·· 15

　1.4　等参单元 ··· 16

第 2 章　多元样条与 B 网方法简介 ·· 20

　2.1　多元样条函数与光滑余因子协调法简介 ························· 20

　2.2　三角形面积坐标和 B 网方法 ······································ 22

第 3 章　基于 II 型三角剖分的平面凸四边形样条单元族 ················· 32

　3.1　基于三角化四边形剖分的样条 ···································· 32

　3.2　四边形 8 节点样条单元 ·· 33

　　3.2.1　构建样条基函数 ··· 33

　　3.2.2　计算样条单元刚度矩阵 ······································· 37

　3.3　四边形 12 节点样条单元 ··· 39

　3.4　四边形 17 节点样条单元 ··· 49

　3.5　四边形 4 节点样条单元 ·· 53

　3.6　数值算例 ··· 55

　3.7　本章小结 ··· 63

第 4 章　基于 I 型三角剖分的平面四边形样条单元族 ··················· 65

　4.1　四边形 8 节点样条单元 ·· 65

　4.2　四边形 12 节点样条单元 ··· 69

　4.3　四边形 17 节点样条单元 ··· 72

　4.4　数值算例 ··· 76
　4.5　本章小结 ··· 78
第 5 章　多边形单元 ··· 79
　5.1　允许 1-irregular 退化的平面多边形样条单元 ············· 79
　5.2　数值算例 ··· 84
　5.3　本章小结 ··· 89
第 6 章　三维单元 ··· 91
　6.1　四面体上的 B 网方法 ··· 91
　6.2　六面体 21 节点样条单元 ······································ 99
　6.3　金字塔 13 节点样条单元 ····································· 104
　6.4　三维单元数值算例 ·· 107
　6.5　三棱柱 15 节点样条单元 ····································· 112
　6.6　三棱柱单元数值算例 ·· 120
　6.7　本章小结 ··· 126
参考文献 ··· 127

第1章　弹性力学有限元方法简介

本书主要基于求解弹性力学平面问题和三维问题的有限元方法, 介绍如何通过样条插值基函数构造高精度单元, 并通过一些弹性力学算例进行数值验证. 下面简要回顾一些相关的弹性力学有限元的基本理论, 详细内容可参考文献 [1, 2].

1.1　弹性力学平面问题和三维问题的有限元格式

1.1.1　弹性力学的基本方程

弹性力学平面问题和三维问题的基本方程可记为一般的矩阵形式:

$$
\begin{aligned}
&\text{平衡方程}\quad \boldsymbol{A\sigma} + \boldsymbol{f} = \boldsymbol{0}, \\
&\text{几何方程}\quad \boldsymbol{\varepsilon} = \boldsymbol{Lu}, \\
&\text{物理方程}\quad \boldsymbol{\sigma} = \boldsymbol{D\varepsilon}, \\
&\text{力边界条件}\quad \boldsymbol{n\sigma} = \boldsymbol{T}, \\
&\text{位移边界条件}\quad \boldsymbol{u} = \bar{\boldsymbol{u}}.
\end{aligned}
\tag{1.1}
$$

对于平面问题,

$$
\text{位移}\quad \boldsymbol{u} = [u, v]^{\mathrm{T}},
\tag{1.2}
$$

$$
\text{应变}\quad \boldsymbol{\varepsilon} = [\varepsilon_x, \varepsilon_y, \tau_{xy}]^{\mathrm{T}},
\tag{1.3}
$$

$$
\text{应力}\quad \boldsymbol{\sigma} = [\sigma_x, \sigma_y, \tau_{xy}]^{\mathrm{T}},
\tag{1.4}
$$

$$
\text{面力}\quad \boldsymbol{f} = [f_x, f_y]^{\mathrm{T}},
\tag{1.5}
$$

$$
\text{微分算子}\quad \boldsymbol{L} = \begin{bmatrix} \dfrac{\partial}{\partial x} & 0 \\[2mm] 0 & \dfrac{\partial}{\partial y} \\[2mm] \dfrac{\partial}{\partial y} & \dfrac{\partial}{\partial x} \end{bmatrix} = \boldsymbol{A}^{\mathrm{T}},
\tag{1.6}
$$

$$\text{方向余弦}\quad \boldsymbol{n} = \begin{bmatrix} n_x & 0 & n_y \\ 0 & n_y & n_x \end{bmatrix}, \tag{1.7}$$

$$\text{弹性矩阵}\quad \boldsymbol{D} = D_0 \begin{bmatrix} 1 & \nu_0 & 0 \\ \nu_0 & 1 & 0 \\ 0 & 0 & \dfrac{1-\nu_0}{2} \end{bmatrix}, \tag{1.8}$$

其中 $D_0 = \dfrac{E_0}{1-\nu_0^2}$, 平面应力 $E_0 = E, \nu_0 = \nu$, 平面应变 $E_0 = \dfrac{E}{1-\nu^2}, \nu_0 = \dfrac{\nu}{1-\nu}$.

对于三维问题,

$$\text{位移}\quad \boldsymbol{u} = [u, v, w]^{\mathrm{T}}, \tag{1.9}$$

$$\text{应变}\quad \boldsymbol{\varepsilon} = [\varepsilon_x, \varepsilon_y, \varepsilon_z, \gamma_{xy}, \gamma_{yz}, \gamma_{zx}]^{\mathrm{T}}, \tag{1.10}$$

$$\text{应力}\quad \boldsymbol{\sigma} = [\sigma_x, \sigma_y, \sigma_z, \tau_{xy}, \tau_{yz}, \tau_{zx}]^{\mathrm{T}}, \tag{1.11}$$

$$\text{体力}\quad \bar{\boldsymbol{f}} = [f_x, f_y, f_z]^{\mathrm{T}}, \tag{1.12}$$

$$\text{微分算子}\quad \boldsymbol{L} = \begin{bmatrix} \dfrac{\partial}{\partial x} & 0 & 0 \\ 0 & \dfrac{\partial}{\partial y} & 0 \\ 0 & 0 & \dfrac{\partial}{\partial z} \\ \dfrac{\partial}{\partial y} & \dfrac{\partial}{\partial x} & 0 \\ 0 & \dfrac{\partial}{\partial z} & \dfrac{\partial}{\partial y} \\ \dfrac{\partial}{\partial z} & 0 & \dfrac{\partial}{\partial x} \end{bmatrix} = \boldsymbol{A}^{\mathrm{T}}, \tag{1.13}$$

$$\text{方向余弦}\quad \boldsymbol{n} = \begin{bmatrix} n_x & 0 & 0 & n_y & 0 & n_z \\ 0 & n_y & 0 & n_x & n_z & 0 \\ 0 & 0 & n_z & 0 & n_y & n_x \end{bmatrix}, \tag{1.14}$$

$$\text{弹性矩阵} \quad \boldsymbol{D} = D_0 \begin{bmatrix} 1 & \dfrac{\nu}{1-\nu} & \dfrac{\nu}{1-\nu} & 0 & 0 & 0 \\[2ex] \dfrac{\nu}{1-\nu} & 1 & \dfrac{\nu}{1-\nu} & 0 & 0 & 0 \\[2ex] \dfrac{\nu}{1-\nu} & \dfrac{\nu}{1-\nu} & 1 & 0 & 0 & 0 \\[2ex] 0 & 0 & 0 & \dfrac{1-2\nu}{2(1-\nu)} & 0 & 0 \\[2ex] 0 & 0 & 0 & 0 & \dfrac{1-2\nu}{2(1-\nu)} & 0 \\[2ex] 0 & 0 & 0 & 0 & 0 & \dfrac{1-2\nu}{2(1-\nu)} \end{bmatrix}$$

$$= \boldsymbol{A}^{\mathrm{T}}, \tag{1.15}$$

其中 $D_0 = \dfrac{E(1-\nu)}{(1+\nu)(1-2\nu)}$.

将弹性力学基本方程 (1.1) 中的平衡方程、几何方程和物理方程合并, 可以得到如下关于位移函数 $\boldsymbol{u}$ 的二阶微分方程:

$$\boldsymbol{L}^{\mathrm{T}}\boldsymbol{D}\boldsymbol{L}\boldsymbol{u} + \boldsymbol{f} = \boldsymbol{0}. \tag{1.16}$$

1.1.2 利用最小位能原理建立有限元方程

除了 1.1.1 节中的微分方程组的形式, 还可以采用等价的变分形式来刻画弹性力学问题, 例如, 最小位能原理和虚功原理. 本节以平面问题的最小位能原理为例, 介绍以位移插值推导有限元方程.

对平面区域 $\Omega \in \mathbb{R}^2$, 由弹性力学平面问题基本方程 (1.1) 的矩阵形式, 在 Ω 上的总位能为

$$\Pi_p = \int_{\Omega} \frac{1}{2}\boldsymbol{\varepsilon}^{\mathrm{T}}\boldsymbol{D}\boldsymbol{\varepsilon}\,\mathrm{d}x\mathrm{d}y - \int_{\Omega} \boldsymbol{u}^{\mathrm{T}}\boldsymbol{f}\,\mathrm{d}x\mathrm{d}y - \int_{\partial\Omega} \boldsymbol{u}^{\mathrm{T}}\boldsymbol{T}\,\mathrm{d}S, \tag{1.17}$$

其中 $\boldsymbol{f}$ 是作用在 Ω 内的面力, $\boldsymbol{T}$ 是作用在边界 $\partial\Omega$ 上的边界力.

将区域 Ω 剖分为若干个单元 Ω^e, 假设在每个单元上有一组插值基函数 $N_1(x,y)$, $N_2(x,y), \cdots, N_n(x,y)$, 对应 n 个插值节点 $P_1, P_2, \cdots, P_n \in \Omega^e$, 则定义在 Ω^e 上的函数 $u(x,y)$ 可近似表示为插值函数

$$u(x,y) \simeq u^e(x,y) = \sum_{i=1}^{n} u(P_i)N_i(x,y), \quad (x,y) \in \Omega^e. \tag{1.18}$$

若上述插值函数对任意 k 次多项式精确成立, 则称插值基函数 $N_1(x,y), N_2(x, y), \cdots, N_n(x,y)$ 具有 k 阶完备性. 记所有次数不超过 k 次的多项式组成的函数空间为 $\mathbb{P}_k$, 即 $\forall u \in \mathbb{P}_k$, 有 $u(x,y) = u^e(x,y)$.

按照平面问题, 记每个单元 Ω^e 上的节点位移组成的向量为

$$\boldsymbol{q}^e = [u_1, v_1, u_2, v_2, \cdots, u_n, v_n]^{\mathrm{T}}. \tag{1.19}$$

由插值基函数组成的矩阵记为

$$\boldsymbol{N} = [\boldsymbol{N}_1, \boldsymbol{N}_2, \cdots, \boldsymbol{N}_n], \tag{1.20}$$

其中

$$\boldsymbol{N}_i = \begin{bmatrix} N_i & 0 \\ 0 & N_i \end{bmatrix}, \quad i = 1, 2, \cdots, n. \tag{1.21}$$

则单元 Ω^e 上的位移可近似表示为插值函数

$$\boldsymbol{u} = \boldsymbol{N}\boldsymbol{q}^e. \tag{1.22}$$

单元应变为

$$\boldsymbol{\varepsilon} = \boldsymbol{B}\boldsymbol{q}^e, \tag{1.23}$$

其中

$$\boldsymbol{B} = [\boldsymbol{B}_1, \boldsymbol{B}_2, \cdots, \boldsymbol{B}_n], \tag{1.24}$$

$$\boldsymbol{B}_i = \begin{bmatrix} \dfrac{\partial N_i}{\partial x} & 0 \\ 0 & \dfrac{\partial N_i}{\partial y} \\ \dfrac{\partial N_i}{\partial y} & \dfrac{\partial N_i}{\partial x} \end{bmatrix}, \quad i = 1, 2, \cdots, n. \tag{1.25}$$

代入单元位能可得

$$\begin{aligned}
\Pi_p^e &= \frac{1}{2} \int_{\Omega^e} \boldsymbol{\varepsilon}^{\mathrm{T}} \boldsymbol{D} \boldsymbol{\varepsilon}\, \mathrm{d}x\mathrm{d}y - \int_{\Omega^e} \boldsymbol{u}^{\mathrm{T}} \boldsymbol{f}\, \mathrm{d}x\mathrm{d}y - \int_{\partial\Omega^e} \boldsymbol{u}^{\mathrm{T}} \boldsymbol{T}\, \mathrm{d}S \\
&= \frac{1}{2} \boldsymbol{q}^{e\mathrm{T}} \left(\int_{\Omega^e} \boldsymbol{B}^{\mathrm{T}} \boldsymbol{D} \boldsymbol{B}\, \mathrm{d}x\mathrm{d}y \right) \boldsymbol{q}^e - \boldsymbol{q}^{e\mathrm{T}} \int_{\Omega^e} \boldsymbol{N}^{\mathrm{T}} \boldsymbol{f}\, \mathrm{d}x\mathrm{d}y \\
&\quad - \boldsymbol{q}^{e\mathrm{T}} \int_{\partial\Omega^e} \boldsymbol{N}^{\mathrm{T}} \boldsymbol{T}\, \mathrm{d}S.
\end{aligned} \tag{1.26}$$

记

$$\boldsymbol{K}^e = \int_{\Omega^e} \boldsymbol{B}^{\mathrm{T}} \boldsymbol{D} \boldsymbol{B}\, \mathrm{d}x\mathrm{d}y,$$

$$\boldsymbol{P}_f^e = \int_{\Omega^e} \boldsymbol{N}^{\mathrm{T}} \boldsymbol{f}\, \mathrm{d}x\mathrm{d}y,$$

$$\boldsymbol{P}_T^e = \int_{\partial\Omega^e} \boldsymbol{N}^{\mathrm{T}} \boldsymbol{T}\, \mathrm{d}S,$$

$$\boldsymbol{P}^e = \boldsymbol{P}_f^e + \boldsymbol{P}_T^e. \tag{1.27}$$

K^e 和 P^e 分别称为单元刚度矩阵和单元等效节点载荷向量.

　　记整个区域 Ω 上的节点位移组成的向量为 q, 按照每个单元节点位移向量 q^e 在 q 中的顺序, 将所有单元刚度矩阵和等效节点载荷向量升阶求和组成总刚度矩阵 K 和总等效节点荷载向量 P,

$$K = \sum_e K^e, \quad P = \sum_e P^e. \tag{1.28}$$

于是可得近似离散形式的总位能为

$$\Pi_p = \frac{1}{2} q^{\mathrm{T}} K q - q^{\mathrm{T}} P. \tag{1.29}$$

根据变分原理, 泛函 Π_p 取最小值的必要条件是它的一次变分为零, 即

$$\frac{\partial \Pi_p}{\partial q} = 0. \tag{1.30}$$

这样就得到基于节点位移向量的有限元方程

$$K q = P. \tag{1.31}$$

对于三维问题, 可以类似地得到上述基于节点位移向量 q 的有限元方程.

　　由前面介绍, 为了求解区域 Ω 上满足弹性力学二阶微分方程 (1.16) 及边界条件的位移函数 u 的离散数值解 q, 有限元方法的计算过程为:

　　(1) 将求解区域 Ω 剖分为若干个单元 Ω^e 的并集.

　　(2) 对每个单元 Ω^e 构造相应节点对应的插值基函数 $N_1, N_2, \cdots, N_n$, 并按照公式 (1.27) 计算单元刚度矩阵 K^e 和单元等效节点载荷向量 P^e. 这里主要涉及对基函数的一阶偏导数及其在单元上内积的计算.

　　(3) 将所有单元刚度矩阵和等效节点载荷向量升阶求和组成总刚度矩阵 K 和总等效节点荷载向量 P, 最后求解线性方程 (1.31) 得到节点位移向量 q.

　　每个单元 Ω^e 上的插值基函数称为单元形状函数, 因为弹性力学方程为关于位移函数的二阶微分方程, 如果整体位移插值函数 u 在单元之间是连续的, 则称为协调单元. 根据有限元方法的数学理论, 对于协调单元, 当单元剖分的网格加密时, 通过有限元方程得到的离散数值解 q 具有收敛性. 并且, 单元形状函数对多项式的完备阶决定了数值解的收敛阶[3].

　　因此, 有限元方法中的一个关键问题是对求解区域 Ω 进行适当的单元剖分, 并对每个单元的位移函数构造满足协调性 (单元之间连续) 的插值基函数. 1.2 节将介绍在有限元方法中常用的一些平面单元和三维单元的多项式插值基函数.

1.2 平 面 单 元

多项式函数因为表示简单, 并且可以无限逼近任意连续函数, 成为一类构造插值基函数的重要方法. 对于一元多项式插值, 可以对任意一组 $n+1$ 个互异的插值节点构造 n 次的 Lagrange 多项式插值基函数. 然而, 对于二元以上的函数, 并不能对任意一组互异的插值节点构造多项式插值基函数. 通常只能对于一些简单的单元构造多项式插值基函数, 例如, 三角形单元和矩形单元.

1.2.1 三角形单元

对三角形单元, 通常采用三角形面积坐标来构造插值基函数. 如图 1.1 所示, 对给定的任意三角形 $\triangle P_1P_2P_3$ 和其中的任一点 P, 它们的直角坐标分别为 $P_1 = (x_1, y_1)$, $P_2 = (x_2, y_2)$, $P_3 = (x_3, y_3)$, $P = (x, y)$. 三角形 $\triangle P_1P_2P_3$ 和子三角形 $\triangle PP_2P_3$, $\triangle PP_3P_1$, $\triangle PP_1P_2$ 的面积记为 A, A_1, A_2, A_3. 设点 P 的面积坐标为 $(\lambda_1, \lambda_2, \lambda_3)$, 则面积坐标和直角坐标的关系为

$$
\begin{cases}
x = x_1\lambda_1 + x_2\lambda_2 + x_3\lambda_3, \\
y = y_1\lambda_1 + y_2\lambda_2 + y_3\lambda_3;
\end{cases}
\tag{1.32}
$$

$$
\begin{cases}
\lambda_1 = \dfrac{A_1}{A} = \dfrac{1}{2A}(\alpha_1 + \beta_1 x + \gamma_1 y), \\
\lambda_2 = \dfrac{A_2}{A} = \dfrac{1}{2A}(\alpha_2 + \beta_2 x + \gamma_2 y), \\
\lambda_3 = \dfrac{A_3}{A} = \dfrac{1}{2A}(\alpha_3 + \beta_3 x + \gamma_3 y),
\end{cases}
\tag{1.33}
$$

其中

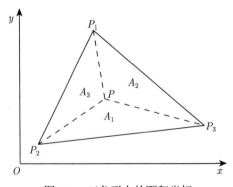

图 1.1 三角形上的面积坐标

$$\begin{cases} \alpha_1 = x_2 y_3 - x_3 y_2, \ \beta_1 = y_2 - y_3, \ \gamma_1 = x_3 - x_2, \\ \alpha_2 = x_3 y_1 - x_1 y_3, \ \beta_2 = y_3 - y_1, \ \gamma_2 = x_1 - x_3, \\ \alpha_3 = x_1 y_2 - x_2 y_1, \ \beta_3 = y_1 - y_2, \ \gamma_3 = x_2 - x_1. \end{cases} \tag{1.34}$$

坐标变换的 Jacobi 行列式为

$$J = \begin{vmatrix} \dfrac{\partial \lambda_1}{\partial x} & \dfrac{\partial \lambda_1}{\partial y} \\ \dfrac{\partial \lambda_2}{\partial x} & \dfrac{\partial \lambda_2}{\partial y} \end{vmatrix} = \frac{1}{4A^2} \begin{vmatrix} \beta_1 & \gamma_1 \\ \beta_2 & \gamma_2 \end{vmatrix} = \frac{1}{2A}. \tag{1.35}$$

因为 $A_1 + A_2 + A_3 = A$, 有 $\lambda_1 + \lambda_2 + \lambda_3 = 1$.

对三角形 $\triangle P_1 P_2 P_3$ 的各边进行 n 次等分, 可以得到三角形上共有 $\dfrac{(n+2)(n+1)}{2}$ 个等分点 $\xi_{i,j,k}$, 其面积坐标为 $\left(\dfrac{i}{n}, \dfrac{j}{n}, \dfrac{k}{n} \right)$, $i+j+k=n$. 如图 1.2(a) 和图 1.2(b) 所示分别为 2 次等分点和 3 次等分点.

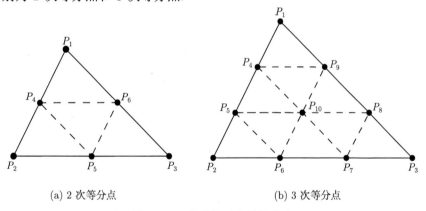

(a) 2 次等分点　　　　　　　　(b) 3 次等分点

图 1.2　三角形单元上的等分点

三角形单元上的 n 次等分点的个数与二元整体 n 次多项式空间

$$\mathbb{P}_n := \left\{ p(x,y) = \sum_{i+j \leqslant n} a_{i,j} x^i y^j, a_{i,j} \in \mathbb{R} \right\}$$

的维数相等. 由二元多项式的插值理论, 这些等分点构成一组适定的插值节点组, 对应如下 n 次 Lagrange 插值基函数.

(1) 线性单元 ($n=1$, 对应 3 个节点)

$$N_i = \lambda_i \quad (i = 1, 2, 3), \tag{1.36}$$

即线性单元的 3 个插值函数为三角形的 3 个面积坐标.

(2) 2 次单元 ($n = 2$, 对应 6 个节点, 如图 1.2(a))

$$N_1 = (2\lambda_1 - 1)\lambda_1, \quad N_2 = (2\lambda_2 - 1)\lambda_2, \quad N_3 = (2\lambda_3 - 1)\lambda_3,$$
$$N_4 = 4\lambda_1\lambda_2, \qquad N_5 = 4\lambda_2\lambda_3, \qquad N_6 = 4\lambda_3\lambda_1. \tag{1.37}$$

(3) 3 次单元 ($n = 3$, 对应 10 个节点, 如图 1.2(b))

$$N_i = \frac{1}{2}(3\lambda_i - 1)(3\lambda_i - 2)\lambda_i, \quad i = 1, 2, 3,$$
$$N_4 = \frac{9}{2}\lambda_1\lambda_2(3\lambda_1 - 1), \quad N_5 = \frac{9}{2}\lambda_1\lambda_2(3\lambda_2 - 1), \quad N_6 = \frac{9}{2}\lambda_2\lambda_3(3\lambda_2 - 1),$$
$$N_7 = \frac{9}{2}\lambda_2\lambda_3(3\lambda_3 - 1), \quad N_8 = \frac{9}{2}\lambda_1\lambda_3(3\lambda_3 - 1), \quad N_9 = \frac{9}{2}\lambda_1\lambda_3(3\lambda_1 - 1), \tag{1.38}$$

$$N_{10} = 27\lambda_1\lambda_2\lambda_3.$$

容易证明, 上述对应三角形 n 次等分点的 Lagrange 插值基函数对直角坐标 (x, y) 具有 n 次完备阶. 注意到, 在单元刚度矩阵的计算中, 需要将插值基函数对直角坐标 (x, y) 的偏导数和积分转化为对面积坐标 $(\lambda_1, \lambda_2, \lambda_3)$ 的偏导数和积分. 由于面积坐标与直角坐标的变换 Jacobi 行列式为常数 $\frac{1}{2A}$, 因此在有限元计算中, 不会损失插值函数的完备阶. 此外, 上述二元 n 次插值基函数限制到三角形的各边上, 即对应边界 $n + 1$ 个节点的一元 n 次 Lagrange 插值基函数. 因此, 位移插值函数在相邻三角形单元之间是 C^0 连续的, 是协调单元.

1.2.2　矩形单元

对矩形单元, 考虑在一个标准单元上构造多项式插值基函数, 取等参坐标 $(\xi, \eta) \in [-1, 1] \times [-1, 1]$. 通常有两类构造插值基函数的方法, 一类是根据 ξ 和 η 的一元 n 次 Lagrange 插值基函数, 由张量积得到 $n \times n$ 次的二元 Lagrange 插值基函数, 对应插值节点为矩形单元内的 $(n+1) \times (n+1)$ 个等分点; 另一类是主要针对矩形单元边界节点构造的一族 Serendipity 单元插值基函数. 图 1.3 为两族单元分别对应的 1, 2, 3, 4 次插值基函数的节点情况, 其中 Lagrange 单元分别对应 4, 9, 16, 25 个节点; Serendipity 单元分别对应 4, 8, 12, 17 个节点.

1. Lagrange 单元

取区间 $[-1, 1]$ 上的 $n + 1$ 个等分点为 $\xi_i = \eta_i = -1 + \dfrac{2i}{n}$, $i = 0, 1, \cdots, n$, 则关于 ξ 和 η 的一元 n 次 Lagrange 插值基函数为

$$l_i^{(n)}(\xi) = \frac{(\xi - \xi_0)(\xi - \xi_1)\cdots(\xi - \xi_{i-1})(\xi - \xi_{i+1})\cdots(\xi - \xi_n)}{(\xi_i - \xi_0)(\xi_i - \xi_1)\cdots(\xi_i - \xi_{i-1})(\xi_i - \xi_{i+1})\cdots(\xi_i - \xi_n)},$$

$$l_j^{(p)}(\eta) = \frac{(\eta - \eta_0)(\eta - \eta_1) \cdots (\eta - \eta_{j-1})(\eta - \eta_{j+1}) \cdots (\eta - \eta_n)}{(\eta_j - \eta_0)(\eta_j - \eta_1) \cdots (\eta_j - \eta_{j-1})(\eta_j - \eta_{j+1}) \cdots (\eta_j - \eta_n)},$$

$i, j = 0, 1, \cdots, n$. 则矩形单元 $[-1,1] \times [-1,1]$ 上的 $n \times n$ 次 Lagrange 插值基函数为

$$N_{i,j} = l_i^{(n)}(\xi) l_j^{(n)}(\eta), \quad i, j = 0, 1, \cdots, n; \ n = 1, 2, \cdots. \tag{1.39}$$

由一元 n 次 Lagrange 插值基函数的性质, 上述 $n \times n$ 次 Lagrange 插值基函数能够重构任意二元 $n \times n$ 次多项式, 因此具有 n 次完备阶. 显然, 上述二元 $n \times n$ 次插值基函数限制到矩形单元的各边上, 即对应边界 $n+1$ 个节点的一元 n 次 Lagrange 插值基函数. 因此, Lagrange 单元是协调单元.

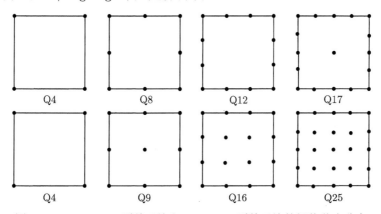

图 1.3 Serendipity 型单元族和 Lagrange 型单元族的插值节点分布

2. Serendipity 单元

为了减少插值自由度 (或节点个数), 同时保证单元之间的协调性, 在实际应用中, 常采用针对矩形单元边界节点构造的 Serendipity 单元插值基函数. 如图 1.4 所示分别对应 4, 8, 12, 17 个节点的编号.

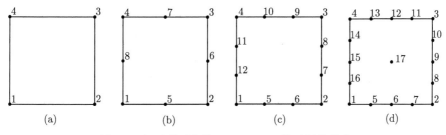

图 1.4 矩形单元上的 Serendipity 单元插值节点

(1) 4 节点单元 (对等参坐标 (ξ, η) 具有 1 阶完备性, 即双线性 Lagrange 插值基函数):

$$\hat{N}_1 = \frac{1}{4}(1-\xi)(1-\eta), \quad \hat{N}_2 = \frac{1}{4}(1+\xi)(1-\eta),$$

$$\hat{N}_3 = \frac{1}{4}(1+\xi)(1+\eta), \quad \hat{N}_4 = \frac{1}{4}(1-\xi)(1+\eta). \tag{1.40}$$

(2) 8 节点单元 (对等参坐标 (ξ,η) 具有 2 阶完备性):

$$N_1 = \hat{N}_1 - \frac{1}{2}N_5 - \frac{1}{2}N_8, \quad N_2 = \hat{N}_2 - \frac{1}{2}N_5 - \frac{1}{2}N_6,$$

$$N_3 = \hat{N}_3 - \frac{1}{2}N_6 - \frac{1}{2}N_7, \quad N_4 = \hat{N}_4 - \frac{1}{2}N_7 - \frac{1}{2}N_8,$$

$$N_5 = \frac{1}{2}(1-\xi^2)(1-\eta), \quad N_6 = \frac{1}{2}(1-\eta^2)(1+\xi), \tag{1.41}$$

$$N_7 = \frac{1}{2}(1-\xi^2)(1+\eta), \quad N_8 = \frac{1}{2}(1-\eta^2)(1-\xi).$$

(3) 12 节点单元 (对等参坐标 (ξ,η) 具有 3 阶完备性):

$$N_1 = \frac{1}{32}(-1+\xi)(-1+\eta)(-10+9\xi^2+9\eta^2),$$

$$N_2 = \frac{1}{32}(-1-\xi)(-1+\eta)(-10+9\xi^2+9\eta^2),$$

$$N_3 = \frac{1}{32}(-1-\xi)(-1-\eta)(-10+9\xi^2+9\eta^2),$$

$$N_4 = \frac{1}{32}(-1+\xi)(-1-\eta)(-10+9\xi^2+9\eta^2),$$

$$N_5 = \frac{9}{32}(1-\xi^2)(1-3\xi)(1-\eta), \quad N_6 = \frac{9}{32}(1-\xi^2)(1+3\xi)(1-\eta),$$

$$N_7 = \frac{9}{32}(1-\eta^2)(1-3\eta)(1+\xi), \quad N_8 = \frac{9}{32}(1-\eta^2)(1+3\eta)(1+\xi), \tag{1.42}$$

$$N_9 = \frac{9}{32}(1-\xi^2)(1+3\xi)(1+\eta), \quad N_{10} = \frac{9}{32}(1-\xi^2)(1-3\xi)(1+\eta),$$

$$N_{11} = \frac{9}{32}(1-\eta^2)(1+3\eta)(1-\xi), \quad N_{12} = \frac{9}{32}(1-\eta^2)(1-3\eta)(1-\xi).$$

(4) 17 节点单元 (对等参坐标 (ξ,η) 具有 4 阶完备性):

$$N_1 = -\frac{1}{12}(-1+\xi)(-1+\eta)(3-\xi+4\xi^3-\eta+4\eta^3)+\frac{1}{4}N_{17},$$

$$N_2 = -\frac{1}{12}(1+\xi)(-1+\eta)(-3-\xi+4\xi^3+\eta-4\eta^3)+\frac{1}{4}N_{17},$$

$$N_3 = \frac{1}{12}(1+\xi)(1+\eta)(-3-\xi+4\xi^3-\eta+4\eta^3)+\frac{1}{4}N_{17},$$

$$N_4 = \frac{1}{12}(-1+\xi)(1+\eta)(3-\xi+4\xi^3+\eta+4\eta^3)+\frac{1}{4}N_{17},$$

$$N_5 = -\frac{4}{3}(1+\xi)(1-\xi)\left(\frac{1}{2}-\xi\right)\xi(1-\eta),$$

$$N_6 = 2(1+\xi)(1-\xi)\left(\frac{1}{2}-\xi\right)\left(\frac{1}{2}+\xi\right)(1-\eta)-\frac{1}{2}N_{17},$$

$$N_7 = \frac{4}{3}(1+\xi)(1-\xi)\left(\frac{1}{2}+\xi\right)\xi(1-\eta),$$

$$N_8 = -\frac{4}{3}(1+\eta)(1-\eta)\left(\frac{1}{2}-\eta\right)\eta(1+\xi),$$

$$N_9 = 2(1+\eta)(1-\eta)\left(\frac{1}{2}-\eta\right)\eta(1+\xi),$$

$$N_{10} = \frac{4}{3}(1+\eta)(1-\eta)\left(\frac{1}{2}+\eta\right)\eta(1+\xi), \qquad (1.43)$$

$$N_{11} = \frac{4}{3}(1+\xi)(1-\xi)\left(\frac{1}{2}+\xi\right)\xi(1+\eta),$$

$$N_{12} = 2(1+\xi)(1-\xi)\left(\frac{1}{2}-\xi\right)\left(\frac{1}{2}+\xi\right)(1+\eta)-\frac{1}{2}N_{17},$$

$$N_{13} = -\frac{4}{3}(1+\xi)(1-\xi)\left(\frac{1}{2}-\xi\right)\xi(1+\eta),$$

$$N_{14} = \frac{4}{3}(1+\eta)(1-\eta)\left(\frac{1}{2}+\eta\right)\eta(1-\xi),$$

$$N_{15} = 2(1+\eta)(1-\eta)\left(\frac{1}{2}-\eta\right)\left(\frac{1}{2}+\eta\right)(1-\xi)-\frac{1}{2}N_{17},$$

$$N_{16} = -\frac{4}{3}(1+\eta)(1-\eta)\left(\frac{1}{2}-\eta\right)\eta(1-\xi),$$

$$N_{17} = (1+\xi)(1-\xi)(1+\eta)(1-\eta).$$

容易证明, 上述 4 组 Serendipity 插值基函数能够分别重构任意二元 1, 2, 3, 4 次多项式, 因此分别具有 1, 2, 3, 4 次完备阶. 同样, 上述 Serendipity 插值基函数限制到矩形单元的各边上, 即对应边界 $n+1$ 个节点的一元 n 次 Lagrange 插值基函数. 因此, Serendipity 单元也是协调单元. 而且, 如果两个相邻矩形单元分别采用同阶次的 Lagrange 插值和 Serendipity 插值, 则它们在公共边上都是一元 n 次 Lagrange 插值基函数, 因此两个单元之间也是 C^0 连续的.

1.3   三 维 单 元

与平面单元情况类似, 只能对于一些规则的三维单元构造多项式插值基函数. 例如, 从三角形单元到四面体单元, 它们都是单纯形单元插值; 从矩形单元到立方体单元的张量积 Lagrange 插值或者插值边界节点的 Serendipity 单元; 或者将三角形单元和矩形单元结合构造直三棱柱单元.

1.3.1   四面体单元

对四面体单元, 采用重心坐标 (体积坐标) 来构造插值基函数. 如图 1.5(a) 所示, 对给定的任意四面体 $\triangle P_1 P_2 P_3 P_4$ 和其中的任一点 P, 它们的直角坐标分别为 $P_1 = (x_1, y_1, z_1)$, $P_2 = (x_2, y_2, z_2)$, $P_3 = (x_3, y_3, z_3)$, $P_4 = (x_4, y_4, z_4)$ 和 $P = (x, y, z)$. 令 V, V_1, V_2, V_3, V_4 为五个四面体 $\triangle P_1 P_2 P_3 P_4$, $\triangle P P_2 P_3 P_4$, $\triangle P P_3 P_4 P_1$, $\triangle P P_4 P_1 P_2$, $\triangle P P_1 P_2 P_3$ 的体积, 则

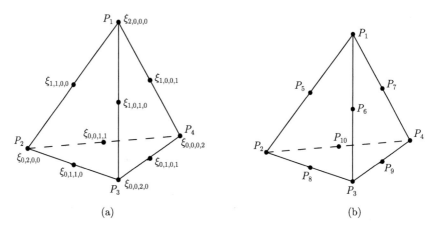

图 1.5   (a) 四面体上的重心坐标; (b) 2 次等分点编号

$$V = \frac{1}{6} \begin{vmatrix} 1 & x_1 & y_1 & z_1 \\ 1 & x_2 & y_2 & z_2 \\ 1 & x_3 & y_3 & z_3 \\ 1 & x_4 & y_4 & z_4 \end{vmatrix}, \quad V_1 = \frac{1}{6} \begin{vmatrix} 1 & x & y & z \\ 1 & x_2 & y_2 & z_2 \\ 1 & x_3 & y_3 & z_3 \\ 1 & x_4 & y_4 & z_4 \end{vmatrix}, \quad V_2 = \frac{1}{6} \begin{vmatrix} 1 & x & y & z \\ 1 & x_3 & y_3 & z_3 \\ 1 & x_4 & y_4 & z_4 \\ 1 & x_1 & y_1 & z_1 \end{vmatrix},$$

$$V_3 = \frac{1}{6} \begin{vmatrix} 1 & x & y & z \\ 1 & x_4 & y_4 & z_4 \\ 1 & x_1 & y_1 & z_1 \\ 1 & x_2 & y_2 & z_2 \end{vmatrix}, \quad V_4 = \frac{1}{6} \begin{vmatrix} 1 & x & y & z \\ 1 & x_1 & y_1 & z_1 \\ 1 & x_2 & y_2 & z_2 \\ 1 & x_3 & y_3 & z_3 \end{vmatrix}. \tag{1.44}$$

点 P 的重心坐标 (体积坐标) 定义为 $(\lambda_1, \lambda_2, \lambda_3, \lambda_4)$, 有

$$
\begin{cases}
\lambda_1 = \dfrac{V_1}{V} = \dfrac{1}{6V}(\alpha_1 + \beta_1 x + \gamma_1 y + \delta_1 z), \\
\lambda_2 = \dfrac{V_2}{V} = \dfrac{1}{6V}(\alpha_2 + \beta_2 x + \gamma_2 y + \delta_2 z), \\
\lambda_3 = \dfrac{V_3}{V} = \dfrac{1}{6V}(\alpha_3 + \beta_3 x + \gamma_3 y + \delta_3 z), \\
\lambda_4 = \dfrac{V_4}{V} = \dfrac{1}{6V}(\alpha_4 + \beta_4 x + \gamma_4 y + \delta_4 z),
\end{cases}
\tag{1.45}
$$

其中

$$
\alpha_1 = \begin{vmatrix} x_2 & y_2 & z_2 \\ x_3 & y_3 & z_3 \\ x_4 & y_4 & z_4 \end{vmatrix}, \quad
\beta_1 = - \begin{vmatrix} 1 & y_2 & z_2 \\ 1 & y_3 & z_3 \\ 1 & y_4 & z_4 \end{vmatrix},
$$

$$
\gamma_1 = \begin{vmatrix} 1 & x_2 & z_2 \\ 1 & x_3 & z_3 \\ 1 & x_4 & z_4 \end{vmatrix}, \quad
\delta_1 = - \begin{vmatrix} 1 & x_2 & y_2 \\ 1 & x_3 & y_3 \\ 1 & x_4 & y_4 \end{vmatrix}.
\tag{1.46}
$$

其他的系数可以类似得到.

直角坐标 (x, y, z) 和重心坐标 $(\lambda_1, \lambda_2, \lambda_3, \lambda_4)$ 的关系为

$$
\begin{cases}
x = x_1\lambda_1 + x_2\lambda_2 + x_3\lambda_3 + x_4\lambda_4, \\
y = y_1\lambda_1 + y_2\lambda_2 + y_3\lambda_3 + y_4\lambda_4, \\
z = z_1\lambda_1 + z_2\lambda_2 + z_3\lambda_3 + z_4\lambda_4.
\end{cases}
\tag{1.47}
$$

坐标变换的 Jacobi 行列式为

$$
J = \begin{vmatrix} \dfrac{\partial\lambda_1}{\partial x} & \dfrac{\partial\lambda_1}{\partial y} & \dfrac{\partial\lambda_1}{\partial z} \\ \dfrac{\partial\lambda_2}{\partial x} & \dfrac{\partial\lambda_2}{\partial y} & \dfrac{\partial\lambda_2}{\partial z} \\ \dfrac{\partial\lambda_3}{\partial x} & \dfrac{\partial\lambda_3}{\partial y} & \dfrac{\partial\lambda_3}{\partial z} \end{vmatrix} = \dfrac{1}{6V^2} \begin{vmatrix} \beta_1 & \gamma_1 & \delta_1 \\ \beta_2 & \gamma_2 & \delta_2 \\ \beta_3 & \gamma_3 & \delta_3 \end{vmatrix} = \dfrac{1}{6V}.
\tag{1.48}
$$

因为 $V_1 + V_2 + V_3 = V$, 有 $\lambda_1 + \lambda_2 + \lambda_3 + \lambda_4 = 1$.

对四面体 $\triangle P_1P_2P_3P_4$ 的各边进行 n 次等分, 可以得到 $\dfrac{(n+3)(n+2)(n+1)}{6}$ 个等分点 $\xi_{i,j,k,l}$, 其面积坐标为 $\left(\dfrac{i}{n}, \dfrac{j}{n}, \dfrac{k}{n}, \dfrac{l}{n}\right)$, $i + j + k + l = n$. 如图 1.5(b) 所示为 10 个 2 次等分点.

四面体单元上的 n 次等分点的个数与三元整体 n 次多项式空间

$$\mathbb{P}_n := \left\{ p(x,y,z) = \sum_{i+j+k \leqslant n} a_{i,j,k} x^i y^j z^k, \ a_{i,j,k} \in \mathbb{R} \right\}$$

的维数相等. 由三元多项式的插值理论, 这些等分点构成一组适定的插值节点组, 对应如下 n 次 Lagrange 插值基函数.

(1) 线性单元 (对应 4 个节点):

$$N_i = \lambda_i, \quad i = 1,2,3,4. \tag{1.49}$$

(2) 2 次单元 (对应 10 个节点, 如图 1.5(b) 所示):

$$
\begin{aligned}
&\text{角节点} \quad N_i = (2\lambda_i - 1)\lambda_i, \ i = 1,2,3,4,\\
&\text{棱内节点} \quad N_5 = 4\lambda_1\lambda_2, \quad N_6 = 4\lambda_1\lambda_3, \quad N_7 = 4\lambda_1\lambda_4,\\
&\qquad\qquad\quad N_8 = 4\lambda_2\lambda_3, \quad N_9 = 4\lambda_3\lambda_4, \quad N_{10} = 4\lambda_2\lambda_4.
\end{aligned}
\tag{1.50}
$$

1.3.2　Serendipity 立方体单元

与矩形单元类似, 对于立方体单元 $(\xi,\eta,\zeta) \in [-1,1]^3$, 也存在两组多项式插值基函数, 分别是张量积的三维 Lagrange 插值基函数和边界节点的三维 Serendipity 插值基函数. 张量积的 Lagrange 插值基函数与二维情况类似, 这里只介绍对应 8 节点和 20 节点的两个三维 Serendipity 插值基函数, 如图 1.6(a) 和图 1.6(b) 所示.

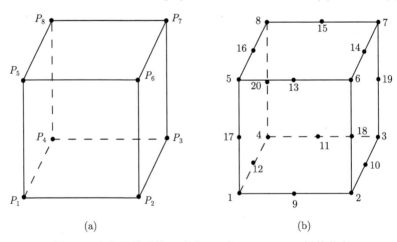

(a)　　　　　　　　　　　(b)

图 1.6　立方体单元的 8 个和 20 个 Serendipity 插值节点

(1) 8 节点单元 (对等参坐标 (ξ,η,ζ) 具有 1 阶完备性, 即张量积线性 Lagrange 插值基函数):

$$N_i = \frac{1}{8}(1+\xi_0)(1+\eta_0)(1+\zeta_0),$$

$$\xi_0 = \xi_i\xi, \quad \eta_0 = \eta_i\eta, \quad \zeta_0 = \zeta_i\zeta, \quad i = 1,2,3,4, \tag{1.51}$$

其中 (ξ_i, η_i, ζ_i) 为对应 8 个角节点的参数坐标.

(2) 20 节点单元 (对等参坐标 (ξ, η, ζ) 具有 2 阶完备性):

角节点 $\quad N_i = \frac{1}{8}(1+\xi_0)(1+\eta_0)(1+\zeta_0)(\xi_0 + \eta_0 + \zeta_0 - 2), i = 1,2,\cdots,8,$

边内节点 (例如, $\xi_i = \pm 1, \eta_i = \pm 1, \zeta_i = 0$) $\tag{1.52}$

$$N_i = \frac{1}{4}(1-\xi_0)(1+\eta_0)(1+\zeta_i^2), i = 17,18,19,20.$$

1.3.3 直三棱柱单元

为了对复杂三维区域增加网格剖分的灵活性, 在一些情况下也常常采用直三棱柱单元. 直三棱柱单元可由平面三角形单元和矩形 Serendipity (或 Lagrange) 单元的插值基函数结合得到. 如图 1.7(a) 所示, 直三棱柱的上下面为两个平行的全等三角形, 侧面为三个矩形.

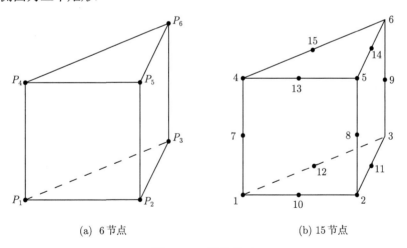

(a) 6 节点   (b) 15 节点

图 1.7 三棱柱单元

(1) 6 节点单元 (对三角形面积坐标 $(\lambda_1, \lambda_2, \lambda_3)$ 和 ζ 坐标具有 1 阶完备性):

$$N_1 = \frac{1}{2}\lambda_1(1+\zeta), \quad N_2 = \frac{1}{2}\lambda_2(1+\zeta), \quad N_3 = \frac{1}{2}\lambda_3(1+\zeta),$$

$$N_4 = \frac{1}{2}\lambda_1(1-\zeta), \quad N_5 = \frac{1}{2}\lambda_2(1-\zeta), \quad N_6 = \frac{1}{2}\lambda_3(1-\zeta). \tag{1.53}$$

(2) 15 节点单元 (对三角形面积坐标 $(\lambda_1, \lambda_2, \lambda_3)$ 和 ζ 坐标具有 2 阶完备性):

$$\text{角节点}\quad N_1 = \frac{1}{2}\lambda_1(2\lambda_1 - 1)(1 - \zeta) - \frac{1}{2}\lambda_1(1 - \zeta^2),$$

$$N_2 = \frac{1}{2}\lambda_2(2\lambda_2 - 1)(1 - \zeta) - \frac{1}{2}\lambda_2(1 - \zeta^2),$$

$$N_3 = \frac{1}{2}\lambda_3(2\lambda_3 - 1)(1 - \zeta) - \frac{1}{2}\lambda_3(1 - \zeta^2),$$

$$N_4 = \frac{1}{2}\lambda_1(2\lambda_1 - 1)(1 + \zeta) - \frac{1}{2}\lambda_1(1 - \zeta^2),$$

$$N_5 = \frac{1}{2}\lambda_2(2\lambda_2 - 1)(1 + \zeta) - \frac{1}{2}\lambda_2(1 - \zeta^2),$$

$$N_6 = \frac{1}{2}\lambda_3(2\lambda_3 - 1)(1 + \zeta) - \frac{1}{2}\lambda_3(1 - \zeta^2); \tag{1.54}$$

$$\text{矩形的边内节点}\quad N_7 = \lambda_1(1 - \zeta^2),\ N_8 = \lambda_2(1 - \zeta^2),\ N_9 = \lambda_3(1 - \zeta^2);$$

$$\text{三角形的边内节点}\quad N_{10} = 2\lambda_1\lambda_2(1 - \zeta),$$

$$N_{11} = 2\lambda_2\lambda_3(1 - \zeta),$$

$$N_{12} = 2\lambda_3\lambda_1(1 - \zeta),$$

$$N_{13} = 2\lambda_1\lambda_2(1 + \zeta),$$

$$N_{14} = 2\lambda_2\lambda_3(1 + \zeta),$$

$$N_{15} = 2\lambda_3\lambda_1(1 + \zeta).$$

由上面关于四面体、立方体、直三棱柱单元插值基函数的构造, 这些单元的插值基函数限制在边界面上都是相应的平面三角形或矩形插值基函数. 因此, 只要这些三维单元与相邻单元具有相同的平面插值节点, 则它们在公共面上是 C^0 连续的, 即满足协调性. 例如, 6 节点和 15 节点的直三棱柱单元限制在上下面的三角形, 分别为 1 次和 2 次的三角形 Lagrange 插值基函数; 限制在侧面的矩形上分别是 4 节点和 8 节点的 Serendipity 单元插值基函数. 因此, 直三棱柱单元与其相邻的三维单元满足协调性.

1.4　等 参 单 元

在实际应用中, 常常需要处理不规则区域上的问题, 因此除了前面介绍的三角形、矩形、四面体、立方体、直三棱柱单元, 还需要一些不规则的平面四边形、三维六面体及一般的三棱柱单元等. 遗憾的是, 对这些不规则单元, 难以直接构造相应的多项式插值基函数. 解决的办法是通过区域变换, 将不规则的单元变换成某种规则单元. 当区域变换采用的基函数和相应规则单元的形状函数是同一组基函数时,即等参单元. 而且, 等参单元的一个优点是能保持单元之间的协调性. 事实上, 相邻两个等参单元虽然各自采用不同的区域变换, 只要在公共边界面 (边) 上对应相同的插值节点, 则限制到公共边界时, 都对应降一维的同一组插值基函数, 因此等参单元能很好解决单元之间的 C^0 协调问题, 成为一类应用广泛的基本单元.

如图 1.8 所示, 通过等参变换, 将平面坐标 (x, y) 的四边形单元转化为 (ξ, η) 参数坐标的矩形单元. 当四边形的各边都为直边, 而且边界节点都是等分点, 再分别连接对边的等分点得到内部节点时, 等参变换即采用 4 节点 Lagrange 插值基函数的双线性变换:

$$\begin{cases} x = \dfrac{1}{4} \sum_{i=1}^{4} x_i \hat{N}_i(\xi, \eta), \\ y = \dfrac{1}{4} \sum_{i=1}^{4} y_i \hat{N}_i(\xi, \eta), \end{cases} \tag{1.55}$$

其中 (x_i, y_i) $(i = 1, 2, 3, 4)$ 分别为四边形的角点坐标值, $\hat{N}_i(\xi, \eta)$ $(i = 1, 2, 3, 4)$ 为 Q4 单元的双线性插值基函数 (1.40).

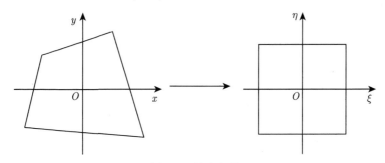

图 1.8　等参变换

由矩形单元 Serendipity 插值基函数构造的等参单元称为 Serendipity 型单元族, 按照节点个数分别记为 Q4, Q8, Q12, Q17 单元; 由矩形单元 Lagrange 插值基函数构造的等参单元称为 Lagrange 型单元族, 按照节点个数分别记为 Q4, Q9, Q16, Q25 单元. 它们在等参坐标的矩形单元的节点分布如图 1.3 所示.

值得注意的是, 由于经过双线性变换 (1.55), 直角坐标 x 和 y 都是关于等参坐标 (ξ, η) 的双线性函数, 如果要对直角坐标具有 n 次完备阶, 则需要对等参坐标具有 $n \times n$ 次 (双 n 次) 完备阶. 因此, 对于 Lagrange 型等参单元 Q4, Q9, Q16, Q25 分别对直角坐标 (x, y) 保持 1, 2, 3, 4 次完备阶. Serendipity 型等参单元虽然对等参坐标具有高阶完备性, 但并不能保持对直角坐标的完备性. 事实上, 对于直角坐标, 单元 Q4, Q8, Q12 只有 1 次完备阶, Q17 只有 2 次完备阶 (关于 (ξ, η) 的双 2 次多项式为整体 4 次多项式).

　　三维单元与平面单元类似, 也可以通过等参变换, 得到一般六面体和三棱柱上的三维等参单元. 例如, 由立方体 8 节点和 20 节点单元得到的三维 Serendipity 型等参单元分别记为 H8 和 H20 单元, 由直三棱柱 6 节点和 15 节点单元得到的三维 Serendipity 型等参单元分别记为 TP6 和 TP15 单元. 对于 Serendipity 型等参单元, 同样会出现损失高阶完备性的问题. 表 1.1 中字母 "Y" 显示了上述平面和三维等参单元具有的完备阶.

表 1.1　等参单元完备阶

		1 次	2 次	3 次	4 次
Serendipity 型	Q4	Y			
	Q8	Y			
	Q12	Y			
	Q17	Y	Y		
Lagrange 型	Q4	Y			
	Q9	Y	Y		
	Q16	Y	Y	Y	
	Q25	Y	Y	Y	Y
三维 Serendipity 型	H8	Y			
	H20	Y			
	TP6	Y			
	TP15	Y			

　　在有限元计算中, 等参单元还存在以下问题.

　　(1) 等参坐标 (ξ, η) 用直角坐标 (x, y) 表达的关系式 (1.55) 的逆变换式比较复杂. 对于逆变换式:

$$\begin{cases} \xi = \xi(x, y), \\ \eta = \eta(x, y), \end{cases}$$

除了平行四边形外, $\xi(x, y)$ 和 $\eta(x, y)$ 都不能用有限项的多项式来表示.

　　(2) 采用等参坐标构造的四边形单元刚度矩阵一般不能得到积分的显式表示, 需要采用数值积分公式.

　　(3) 对应于常应变的位移场需要高阶等参坐标多项式来表示. 例如, 对应于常曲率的挠度场必须含有等参坐标的 4 次项 $\xi^2\eta^2$.

　　(4) Serendipity 型等参单元的计算精度对网格畸变较为敏感, 这是由于这类等参单元的形状函数虽然含有 ξ 和 η 的高次项, 但对直角坐标 x 和 y 来讲却只具备 1 阶或 2 阶完备性[4].

　　例 1.1　等参单元关于剪切载荷的网格畸变敏度试验.

　　图 1.9 为一个长度为 10、宽度为 2 的悬臂梁, 两端受到剪切载荷作用, 计算右下角点 A 的挠度值. 本例采用两个四边形等参单元计算, 图中给出了当边界为 4 节

点时的等效节点荷载. 参数 e 表示由矩形单元变形为四边形单元的畸变程度, 随着 e 从 0 变化到 4.5, 各个单元计算点 A 的挠度的数值结果见表 1.2. 可以看出, 当 $e = 0$ 时, 两个单元都为矩形单元, 此时所有单元都能得到很好的结果. 等参单元 Q9, Q16, Q17 由于对四边形具有较高完备阶, 因此受网格畸变影响较小, 仍能保持较高的精度, 结果较稳定. 但 Serendipity 型等参单元 Q8 和 Q12 只有线性完备阶, 因此计算精度随着网格畸变而损失严重.

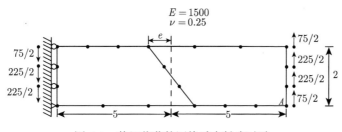

图 1.9 剪切载荷的网格畸变敏度试验

表 1.2 剪切敏度问题中当 e 变化时选定点的挠度(图 1.9)

v_A	$e = 0$	$e = 1$	$e = 2$	$e = 3$	$e = 4$	$e = 4.5$	精确解
Q8	100.49	95.80	82.23	56.22	33.35	26.11	102.60
Q12	102.60	99.95	93.32	78.13	53.24	42.37	102.60
Q17	102.61	102.61	102.29	101.20	97.96	95.46	102.60
Q9	100.20	98.02	91.98	88.31	86.57	85.91	102.60
Q16	102.67	102.67	102.68	102.68	102.69	102.69	102.60

在实际计算中, Serendipity 型等参单元相比同次数的 Lagrange 型等参单元节点数较少, 因而应用广泛. 为了克服 Serendipity 型等参单元对网格畸变的敏感性, 国内外很多学者提出各种构造方法以提高 Serendipity 型等参单元的精度. 例如, 大连理工大学陈万吉教授等[5−8]提出了精化有限元方法, 清华大学龙驭球院士等[9−11]提出了一种基于四边形面积坐标插值的新型有限元方法. 本书以此问题为切入点, 提出利用多元样条方法对四边形和三维单元直接构造插值基函数, 从数学上证明这些单元对直角坐标具有高阶完备性, 并通过数值算例验证这些样条插值基函数能克服网格畸变敏感性, 对于不规则网格也能保持很好的计算精度.

第2章 多元样条与 B 网方法简介

2.1 多元样条函数与光滑余因子协调法简介

所谓样条函数 (spline function) 就是具有一定光滑性的分段或分片定义的多项式函数. 1946 年, Schoenberg[12]较为系统地建立了一元样条函数的理论基础. 从 20 世纪 60 年代开始, 随着电子计算机技术的飞速发展, 样条函数也得到了迅速的发展和广泛的应用. 鉴于客观事物的多样性和复杂性, 开展有关多元样条函数的研究, 无论在理论上还是在应用上都有着十分重要的意义. 现在, 它在函数逼近、计算几何、计算机辅助几何设计、有限元及小波等领域中均有较为重要的应用. 下面分别对多元样条的光滑余因子协调法和 B 网方法做简要的介绍.

1975 年, 王仁宏[13]采用函数论与代数几何的方法, 建立了任意剖分下多元样条函数的基本理论框架, 并提出**光滑余因子协调法**(smoothing cofactor-conformality method). 从这种基本观点出发, 多元样条函数的任何问题均可转化为与之等价的代数问题来研究.

设 D 为二维 Euclid 空间 $\mathbb{R}^2$ 中的给定区域. 以 $\mathbb{P}_k$ 记二元 k 次实系数多项式集合:

$$\mathbb{P}_k := \left\{ p(x,y) = \sum_{i=0}^{k} \sum_{j=0}^{k-i} c_{ij} x^i y^j \,\middle|\, c_{ij} \in \mathbb{R} \right\}.$$

一个二元多项式 $p \in \mathbb{P}_m$ 称为不可约多项式, 如果除了常数和该多项式自身外没有其他多项式可以整除它 (在复域中). 代数曲线

$$\Gamma : l(x,y) = 0, \quad l(x,y) \in \mathbb{P}_m$$

称为不可约代数曲线, 如果 $l(x,y)$ 是不可约多项式. 显然直线是不可约代数曲线.

今用有限条不可约代数曲线对区域 D 进行剖分, 将剖分记为 Δ, 于是 D 被分为有限个子区域 $D_1, D_2, \cdots, D_N$, 它们被称为 D 的胞腔. 形成每个胞腔边界的线段称为网线, 网线的交点称为网点. 若两个网点为同一网线的两端点, 则称该两网点是相邻网点. 将位于区域 D 内部的网点称为内网点, 否则称为边界网点. 如果一条网线属于区域 D 内部, 则称此网线为内网线, 否则称为边界网线.

对区域 D 施行剖分 Δ 以后, 所有以某一网点 V 为顶点的胞腔的并集称为网点 V 的关联区域或星形区域, 记为 $\mathrm{St}(V)$.

多元样条函数空间定义为

$$S_k^\mu(\Delta) := \{s \in C^\mu(D) : s|_{D_i} \in \mathbb{P}_k, i = 1, \cdots, N\}.$$

事实上, $s \in S_k^\mu(\Delta)$ 为一个在 D 上具有 μ 阶连续偏导数的分片 k 次多项式函数.

　　基于代数几何中的 Bezout 定理, 王仁宏[13]指出了多元样条函数光滑连接的内在本质, 表现为如下定理.

　　定理 2.1[13]　设 $z = s(x, y)$ 在两相邻胞腔 D_i 和 D_j 上的表达式分别为

$$z = p_i(x, y) \text{ 和 } z = p_j(x, y),$$

其中 $p_i(x, y)$, $p_j(x, y) \in \mathbb{P}_k$. 为使 $s(x, y) \in C^\mu(\overline{D_i \bigcup D_j})$, 必须且只需存在多项式 $q_{ij}(x, y) \in \mathbb{P}_{k-(\mu+1)d}$, 使得

$$p_i(x, y) - p_j(x, y) = [l_{ij}(x, y)]^{\mu+1} \cdot q_{ij}(x, y), \tag{2.1}$$

其中 $\overline{D_i}$ 与 $\overline{D_j}$ 的公共网线为

$$\Gamma_{ij} : l_{ij}(x, y) = 0, \tag{2.2}$$

且不可约代数多项式 $l_{ij}(x, y) \in \mathbb{P}_d$.

　　由 (2.1) 式所定义的多项式因子 $q_{ij}(x, y)$ 称为内网线 $\Gamma_{ij} : l_{ij}(x, y) = 0$ 上的 (从 D_i 到 D_j 的)**光滑余因子** (smoothing cofactor)[13]. 说明内网线 Γ_{ij} 上的光滑余因子存在, 恒指形如 (2.1) 的等式成立.

　　设 A 为任一给定的内网点. 今按下列顺序将过 A 的所有内网线 $\{\Gamma_{ij}\}$ 涉及的 i 和 j 进行调整: 使当一动点沿以 A 为心的逆时针方向越过 Γ_{ij} 时, 恰好是从 D_j 跨入 D_i.

　　设 A 为一内网点, 定义 A 点处的**协调条件** (conformality condition)[13]为

$$\sum_A [l_{ij}(x, y)]^{\mu+1} \cdot q_{ij}(x, y) \equiv 0, \tag{2.3}$$

其中 $\sum_A$ 表示对一切以内网点 A 为一端的内网线求和, 而 $q_{ij}(x, y)$ 为 Γ_{ij} 上的光滑余因子.

　　设 Δ 的所有内网点为 $A_1, \cdots, A_M$, 则**整体协调条件** (global conformality condition)[13]为

$$\sum_{A_v} [l_{ij}(x, y)]^{\mu+1} \cdot q_{ij}(x, y) \equiv 0, \quad v = 1, \cdots, M, \tag{2.4}$$

其中相应于内网点 A_v 的协调条件之 $q_{ij}(x, y)$ 满足 (2.3) 所作的规定.

　　下述定理建立了多元样条的基本理论框架.

定理 2.2[13]　对给定的剖分 Δ, 多元样条函数 $s(x,y) \in S_k^\mu(\Delta)$ 存在, 必须且只需 $s(x,y)$ 在每条内网线上均有一光滑余因子存在, 并且满足由 (2.4) 所示的整体协调条件.

根据内网线上的光滑余因子, 可以得到多元样条函数的一般表达形式.

设区域 D 被剖分 Δ 分割为如下有限个胞腔 $D_1, \cdots, D_N$. 任意选定一个胞腔, 例如, D_1 作为 "源胞腔", 从 D_1 出发, 画一个流向图 $\vec{C}$, 使之满足:

(1) $\vec{C}$ 流遍所有的胞腔 $D_1, \cdots, D_N$ 各一次;

(2) $\vec{C}$ 穿过每条内网线的次数不多于一次;

(3) $\vec{C}$ 不允许穿过网点.

流线 $\vec{C}$ 所经过的内网线称为相应于 $\vec{C}$ 本性内网线, 其他的内网线则为相应于 $\vec{C}$ 的可去内网线. 显然所谓本性内网线与可去内网线都只是一个相对概念.

设 $\Gamma_{ij} : l_{ij}(x,y) = 0$ 为 $\vec{C}$ 的任意一条本性内网线. 将从源胞腔出发, 沿 $\vec{C}$ 前进时, 只有越过 Γ_{ij} 后才能进入的所有闭胞腔的并集记作 $U(\Gamma_{ij}^+)$; 将从源胞腔出发沿 $\vec{C}$ 前进时, 在越过 Γ_{ij} 之前所经过的各闭胞腔的并集记为 $U(\Gamma_{ij}^-)$. 称 $U(\Gamma_{ij}^+) \backslash U(\Gamma_{ij}^-)$ 为网线 Γ_{ij} 的 "前方", 记作 $f_r(\Gamma_{ij})$.

定义 2.1[13]　设 $\Gamma_{ij} : l_{ij}(x,y) = 0$ 为相应于流向 $\vec{C}$ 的本性内网线. 多元广义截断多项式定义为

$$[l_{ij}(x,y)]_*^m = \begin{cases} [l_{ij}(x,y)]^m, & (x,y) \in f_r(\Gamma_{ij}), \\ 0, & (x,y) \in D \backslash f_r(\Gamma_{ij}). \end{cases} \tag{2.5}$$

由此, 有如下的样条函数表现定理.

定理 2.3[13]　任一 $s(x,y) \in S_k^\mu(\Delta)$ 均可唯一地表示为

$$s(x,y) = p(x,y) + \sum_{\vec{C}} [l_{ij}(x,y)]_*^{\mu+1} \cdot q_{ij}(x,y), \quad (x,y) \in D, \tag{2.6}$$

其中 $p(x,y) \in \mathbb{P}_k$ 为 $s(x,y)$ 在源胞腔上的表达式, $\sum_{\vec{C}}$ 表示对所有本性内网线求和, 而且沿 $\vec{C}$ 越过 Γ_{ij} 的光滑余因子为 $q_{ij}(x,y) \in \mathbb{P}_{k-\mu-1}$.

关于 n 元样条函数的基本理论与上面关于二元样条的结果类似. 在专著 [14,15] 中, 详细介绍了光滑余因子协调法在多元样条中的理论及其应用, 包括各种多元样条空间的维数、基函数组, 特别是具有局部支集的样条基函数组等.

2.2　三角形面积坐标和 B 网方法

由前面关于多元样条函数的介绍, 可知有限元方法中各单元的多项式形状函数从整体上看, 就是一类定义在有限元网格剖分上的样条函数. 因此, 有限元方法和

样条方法有着天然的联系. 第 1 章内容指出, 对于不规则单元, 难以直接构造多项式插值基函数. 由于基于三角剖分的样条函数在计算上具有很好的优势, 因此将两者结合, 考虑对不规则单元进行三角剖分, 从而构造样条插值基函数.

为了便于表达三角剖分上的样条函数, 本节介绍定义在三角形上的多项式的 B 网表示方法. 我们将会看到采用 B 网方法可以将多项式的乘积、求导和积分等运算转化为对它们的 B 网系数组成的向量或矩阵之间的简单运算, 给计算带来很大的方便.

所谓 B 网方法, 就是利用两个多项式在相邻单纯形上 Bernstein 表达形式的系数之间的关系, 给出光滑拼接的条件. 最早将一元 Bernstein 多项式推广到二元情形的是 20 世纪 50 年代 de Casteljau 的工作, 但并未发表. 将 Bernstein 多项式用于多元样条理论的研究, 当首推 Farin 在 1986 年完成的博士学位论文中的工作 [16]. Farin 在博士学位论文中考虑了多元样条的 B 网系数和光滑性之间的关系, 从而使 B 网方法成为研究多元样条的重要方法之一.

如图 2.1(a) 所示, 对于给定的任意三角形 $\triangle P_1 P_2 P_3$ 和其中的任一点 P, 记它们的直角坐标分别为: $P_1 = (x_1, y_1)$, $P_2 = (x_2, y_2)$, $P_3 = (x_3, y_3)$, $P = (x, y)$. 设三角形 $\triangle P_1 P_2 P_3$ 与 $\triangle P P_2 P_3$, $\triangle P P_3 P_1$, $\triangle P P_1 P_2$ 的有向面积分别为 A, A_1, A_2, A_3, 则

$$A = \frac{1}{2} \begin{vmatrix} 1 & x_1 & y_1 \\ 1 & x_2 & y_2 \\ 1 & x_3 & y_3 \end{vmatrix}, \quad A_1 = \frac{1}{2} \begin{vmatrix} 1 & x & y \\ 1 & x_2 & y_2 \\ 1 & x_3 & y_3 \end{vmatrix}, \quad A_2 = \frac{1}{2} \begin{vmatrix} 1 & x & y \\ 1 & x_3 & y_3 \\ 1 & x_1 & y_1 \end{vmatrix}, \quad A_3 = \frac{1}{2} \begin{vmatrix} 1 & x & y \\ 1 & x_1 & y_1 \\ 1 & x_2 & y_2 \end{vmatrix}.$$

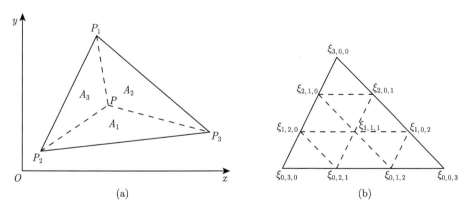

图 2.1 三角形上的面积坐标和 3 次多项式的 B 网域点

定义在 P 点的面积坐标为 $(\lambda_1, \lambda_2, \lambda_3) = \left(\dfrac{A_1}{A}, \dfrac{A_2}{A}, \dfrac{A_3}{A} \right)$. 面积坐标与直角坐标的

关系为

$$\begin{cases} x = x_1\lambda_1 + x_2\lambda_2 + x_3\lambda_3, \\ y = y_1\lambda_1 + y_2\lambda_2 + y_3\lambda_3 \end{cases} \tag{2.7}$$

和

$$\begin{cases} \lambda_1 = \dfrac{A_1}{A} = \dfrac{1}{2A}(\alpha_1 + \beta_1 x + \gamma_1 y), \\ \lambda_2 = \dfrac{A_2}{A} = \dfrac{1}{2A}(\alpha_2 + \beta_2 x + \gamma_2 y), \\ \lambda_3 = \dfrac{A_3}{A} = \dfrac{1}{2A}(\alpha_3 + \beta_3 x + \gamma_3 y), \end{cases} \tag{2.8}$$

其中

$$\begin{cases} \alpha_1 = x_2 y_3 - x_3 y_2, \ \beta_1 = y_2 - y_3, \ \gamma_1 = x_3 - x_2, \\ \alpha_2 = x_3 y_1 - x_1 y_3, \ \beta_2 = y_3 - y_1, \ \gamma_2 = x_1 - x_3, \\ \alpha_3 = x_1 y_2 - x_2 y_1, \ \beta_3 = y_1 - y_2, \ \gamma_3 = x_2 - x_1. \end{cases} \tag{2.9}$$

将三角形的三边分别进行 n 等分, 连接平行于各边的等分线, 得到 $(n+1)(n+2)/2$ 个 Lagrange 插值节点, 在这里也称为域点, 记为 $\xi_{i,j,k} = \left(\dfrac{i}{n}, \dfrac{j}{n}, \dfrac{k}{n}\right)$, 其中 $i+j+k=n$. 如图 2.1(b) 所示为 $n=3$ 时的域点.

面积坐标表示的 $(n+1)(n+2)/2$ 个 n 次 Bernstein 多项式定义为

$$\begin{aligned} B_{i,j,k}^n(\lambda_1, \lambda_2, \lambda_3) = \frac{n!}{i!j!k!}\lambda_1^i \lambda_2^j \lambda_3^k, \quad i+j+k=n, \\ \lambda_1, \lambda_2, \lambda_3 \geqslant 0, \quad \lambda_1 + \lambda_2 + \lambda_3 = 1. \end{aligned} \tag{2.10}$$

所有 n 次 Bernstein 多项式组成的行向量记为 $\boldsymbol{B}^{(n)}$. 例如

$$\boldsymbol{B}^{(1)} = \left(B_{1,0,0}^1, \ B_{0,1,0}^1, \ B_{0,0,1}^1\right) = (\lambda_1, \ \lambda_2, \ \lambda_3).$$

$$\begin{aligned} \boldsymbol{B}^{(2)} &= \left(B_{2,0,0}^2, \ B_{1,1,0}^2, \ B_{1,0,1}^2, \ B_{0,2,0}^2, \ B_{0,1,1}^2, \ B_{0,0,2}^2\right) \\ &= \left(\lambda_1^2, \ 2\lambda_1\lambda_2, \ 2\lambda_1\lambda_3, \ \lambda_2^2, \ 2\lambda_2\lambda_3, \ \lambda_3^2\right). \end{aligned}$$

$$\begin{aligned} \boldsymbol{B}^{(3)} &= \left(B_{3,0,0}^3, \ B_{2,1,0}^3, \ B_{2,0,1}^3, \ B_{1,2,0}^3, \ B_{1,1,1}^3, \ B_{1,0,2}^3,\right. \\ &\quad \left. B_{0,3,0}^3, \ B_{0,2,1}^3, \ B_{0,1,2}^3, \ B_{0,0,3}^3\right) \\ &= \left(\lambda_1^3, \ 3\lambda_1^2\lambda_2, \ 3\lambda_1^2\lambda_3, \ 3\lambda_1\lambda_2^2, \ 6\lambda_1\lambda_2\lambda_3, \ 3\lambda_1\lambda_3^2,\right. \\ &\quad \left. \lambda_2^3, \ 3\lambda_2^2\lambda_3, \ 3\lambda_2\lambda_3^2, \ \lambda_3^3\right). \end{aligned}$$

容易验证, n 次 Bernstein 多项式是线性无关的, 它们组成完备的 n 次多项式, 因此也称为 $\mathbb{P}_n$ 的 Bernstein 基函数, 并且满足单位分解性, 有

$$\sum_{i+j+k=n} B_{i,j,k}^n(\lambda_1, \lambda_2, \lambda_3) = (\lambda_1 + \lambda_2 + \lambda_3)^n \equiv 1.$$

对直角坐标系下的任意二元 n 次多项式

$$p(x,y) = \sum_{i+j\leqslant n} a_{i,j} x^i y^j,$$

将坐标关系式 (2.7) 代入上式, 按照 Bernstein 基函数整理得到

$$p(x,y) = f(\lambda_1,\lambda_2,\lambda_3) = \sum_{i+j+k=n} b_{i,j,k} B_{i,j,k}^n(\lambda_1,\lambda_2,\lambda_3) = \boldsymbol{B}^{(n)} \cdot \boldsymbol{f}_b, \qquad (2.11)$$

其中 $b_{i,j,k}$ 是 $p(x,y)$ 在直角坐标下的系数 $a_{i,j}$ 经过坐标变换得到的对应于 Bernstein 基函数 $B_{i,j,k}^n$ 的系数, 称为 Bézier 坐标或者 B 网系数, $\boldsymbol{f}_b$ 是所有 B 网系数 $b_{i,j,k}$ 按照与 $\boldsymbol{B}^{(n)}$ 中元素相同的顺序排列而成的列向量. 这种表示多项式的方法称为 B 网表示. 每个域点 $\xi_{i,j,k}$ 与下标相同的 B 网系数 $b_{i,j,k}$ 合成一个三维空间中的 B 网点, 由此 $(n+1)(n+2)/2$ 个 B 网点形成的空间中的三角网格就称为多项式 $p(x,y)$ 的 B 网.

例如, 一个 2 次多项式 $f(\lambda_1,\lambda_2,\lambda_3)$ 用 B 网表示为 $f = \boldsymbol{B}^{(2)} \cdot \boldsymbol{f}_b$, 其中

$$\boldsymbol{f}_b = (b_{2,0,0},\ b_{1,1,0},\ b_{1,0,1},\ b_{0,2,0},\ b_{0,1,1},\ b_{0,0,2})^{\mathrm{T}}.$$

一个 3 次多项式的 B 网系数为

$$\boldsymbol{f}_b = (b_{3,0,0},\ b_{2,1,0},\ b_{2,0,1},\ b_{1,2,0},\ b_{1,1,1},\ b_{1,0,2},\ b_{0,3,0},\ b_{0,2,1},\ b_{0,1,2},\ b_{0,0,3})^{\mathrm{T}}.$$

与三角形上的 Lagrange 插值基不同, B 网系数不是相应域点上的函数值, 但可以从 B 网系数方便地得到相应的函数值. 例如, $f = \boldsymbol{B}^{(2)} \cdot \boldsymbol{f}_b$, 有

$$\begin{cases} f(\xi_{2,0,0}) = b_{2,0,0},\ f(\xi_{0,2,0}) = b_{0,2,0},\ f(\xi_{0,0,2}) = b_{0,0,2}, \\ f(\xi_{1,1,0}) = (b_{2,0,0} + 2b_{1,1,0} + b_{0,2,0})/4, \\ f(\xi_{1,0,1}) = (b_{2,0,0} + 2b_{1,0,1} + b_{0,0,2})/4, \\ f(\xi_{0,1,1}) = (b_{0,2,0} + 2b_{0,1,1} + b_{0,0,2})/4. \end{cases} \qquad (2.12)$$

Bernstein 基函数线性无关且满足单位分解性, 因此, 多项式 $p(x,y) \equiv 0$, 当且仅当它的 B 网系数全为 0; 多项式 $p(x,y) \equiv 1$, 当且仅当它的 B 网系数全为 1.

对一个给定的三角形, 其上定义的 Bernstein 基函数就是确定的. 因此, 任一个定义在该三角形上的多项式由它的 B 网系数唯一确定. 例如, 用 B 网方法也可以表示三角形单元上的多项式插值基函数.

(1) 线性单元. 3 个基函数 N_1, N_2, N_3 在面积坐标上的表达式如 (1.36), 按照 1 次 Bernstein 基函数展开即可得到相应的 B 网系数向量, 记为 $\boldsymbol{N}_{b_1}, \boldsymbol{N}_{b_2}, \boldsymbol{N}_{b_3}$, 正好是 3 个单位向量:

$$\boldsymbol{N}_{b_1} = (1,0,0)^{\mathrm{T}},$$
$$\boldsymbol{N}_{b_2} = (0,1,0)^{\mathrm{T}},$$
$$\boldsymbol{N}_{b_3} = (0,0,1)^{\mathrm{T}}. \tag{2.13}$$

(2) 2 次单元. 6 个基函数 $N_1, N_2, \cdots, N_6$ 在面积坐标上的表达式如 (1.37), 按照 2 次 Bernstein 基函数展开即可得到相应的 B 网系数向量:

$$\boldsymbol{N}_{b_1} = \left(1, -\frac{1}{2}, -\frac{1}{2}, 0, 0, 0\right)^{\mathrm{T}},$$
$$\boldsymbol{N}_{b_2} = \left(0, -\frac{1}{2}, 0, 1, -\frac{1}{2}, 0\right)^{\mathrm{T}},$$
$$\boldsymbol{N}_{b_3} = \left(0, 0, -\frac{1}{2}, 0, -\frac{1}{2}, 1\right)^{\mathrm{T}}, \tag{2.14}$$
$$\boldsymbol{N}_{b_4} = (0, 2, 0, 0, 0, 0)^{\mathrm{T}},$$
$$\boldsymbol{N}_{b_5} = (0, 0, 0, 0, 2, 0)^{\mathrm{T}},$$
$$\boldsymbol{N}_{b_6} = (0, 0, 2, 0, 0, 0)^{\mathrm{T}}.$$

则 $N_i = \boldsymbol{B}^{(2)} \cdot \boldsymbol{N}_{b_i}$, $i = 1, 2, \cdots, 6$. 例如

$$N_1 = \left(\lambda_1^2,\ 2\lambda_1\lambda_2,\ 2\lambda_1\lambda_3,\ \lambda_2^2,\ 2\lambda_2\lambda_3,\ \lambda_3^2\right)\left(1, -\frac{1}{2}, -\frac{1}{2}, 0, 0, 0\right)^{\mathrm{T}}$$
$$= (2\lambda_1 - 1)\lambda_1.$$

如图 2.2 所示, 将每个基函数的 B 网系数画在三角形相应域点 (插值节点) 的位置, 可以更加明显地看到这 6 个基函数具有的几何对称性.

(3) 3 次单元. 10 个基函数 $N_1, N_2, \cdots, N_{10}$ 在面积坐标上的表达式如 (1.38), 按照 3 次 Bernstein 基函数展开即可得到相应的 B 网系数向量:

$$\boldsymbol{N}_{b_1} = \left(1, -\frac{5}{6}, -\frac{5}{6}, \frac{1}{3}, \frac{1}{3}, \frac{1}{3}, 0, 0, 0, 0\right)^{\mathrm{T}},$$
$$\boldsymbol{N}_{b_2} = \left(0, \frac{1}{3}, 0, -\frac{5}{6}, \frac{1}{3}, 0, 1, -\frac{5}{6}, \frac{1}{3}, 0\right)^{\mathrm{T}},$$
$$\boldsymbol{N}_{b_3} = \left(0, 0, \frac{1}{3}, 0, \frac{1}{3}, -\frac{5}{6}, 0, \frac{1}{3}, -\frac{5}{6}, 1\right)^{\mathrm{T}},$$
$$\boldsymbol{N}_{b_4} = \left(0, 3, 0, -\frac{3}{2}, -\frac{3}{4}, 0, 0, 0, 0, 0\right)^{\mathrm{T}},$$
$$\boldsymbol{N}_{b_5} = \left(0, -\frac{3}{2}, 0, 3, -\frac{3}{4}, 0, 0, 0, 0, 0\right)^{\mathrm{T}},$$

$$\boldsymbol{N}_{b_6} = \left(0, 0, 0, 0, -\frac{3}{4}, 0, 0, 3, -\frac{3}{2}, 0\right)^{\mathrm{T}},$$

$$\boldsymbol{N}_{b_7} = \left(0, 0, 0, 0, -\frac{3}{4}, 0, 0, -\frac{3}{2}, 3, 0\right)^{\mathrm{T}},$$

$$\boldsymbol{N}_{b_8} = \left(0, 0, -\frac{3}{2}, 0, -\frac{3}{4}, 3, 0, 0, 0, 0\right)^{\mathrm{T}},$$

$$\boldsymbol{N}_{b_9} = \left(0, 0, 3, 0, -\frac{3}{4}, -\frac{3}{2}, 0, 0, 0, 0\right)^{\mathrm{T}},$$

$$\boldsymbol{N}_{b_{10}} = \left(0, 0, 0, 0, \frac{9}{2}, 0, 0, 0, 0\right)^{\mathrm{T}}. \tag{2.15}$$

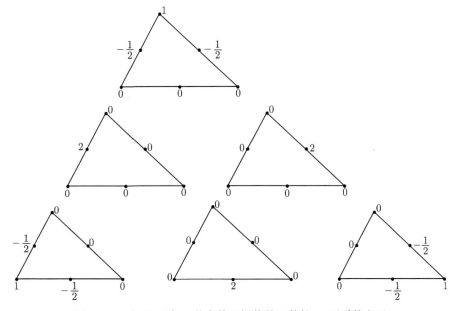

图 2.2　三角形 2 次 6 节点单元插值基函数的 B 网系数表示

B 网表示的多项式有如下计算特点. 为了方便叙述, 将 Bernstein 基函数以及相应的三角形域点和 B 网系数按照一维向量的元素进行编号, 即分别把多项式表示为

1 次多项式: $\boldsymbol{B}^{(1)} \cdot (b_1, b_2, b_3)^{\mathrm{T}}$,

2 次多项式: $\boldsymbol{B}^{(2)} \cdot (b_1, b_2, \cdots, b_6)^{\mathrm{T}}$,

3 次多项式: $\boldsymbol{B}^{(3)} \cdot (b_1, b_2, \cdots, b_{10})^{\mathrm{T}}$,

4 次多项式: $\boldsymbol{B}^{(4)} \cdot (b_1, b_2, \cdots, b_{15})^{\mathrm{T}}$.

以 2 次多项式为例, 按 Bernstein 基函数在 $\boldsymbol{B}^{(2)}$ 中的顺序, 对相应的三角形域点和 B 网系数进行排序, 如图 2.3 所示.

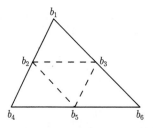

图 2.3   三角形 2 次域点及 B 网系数排序

(1) 两个多项式的乘积可以用高次的 B 网表示, 对应 B 网系数之间的运算. 例如, $f = \boldsymbol{B}^{(1)} \cdot (b_1, b_2, b_3)^{\mathrm{T}}$, $g = \boldsymbol{B}^{(2)} \cdot (c_1, c_2, c_3)^{\mathrm{T}}$, 则 $f \cdot g = \boldsymbol{B}^{(2)} \cdot (d_1, d_2, \cdots, d_6)^{\mathrm{T}}$, 其中

$$
\begin{aligned}
&d_1 = b_1 c_1, \quad d_2 = (b_1 c_2 + b_2 c_1)/2, \\
&d_3 = (b_1 c_3 + b_3 c_1)/2, \quad d_4 = b_2 c_2, \\
&d_5 = (b_2 c_3 + b_3 c_2)/2, \quad d_6 = b_3 c_3.
\end{aligned}
\tag{2.16}
$$

(2) B 网表示下的多项式在三角形上的积分为其所有 B 网系数之和乘以 $\dfrac{2}{(n+1)(n+2)}$ 倍的三角形面积,

$$
\iint_A p(x,y)\mathrm{d}x\mathrm{d}y = \iint_A f(\lambda_1, \lambda_2, \lambda_3)\mathrm{d}S = \frac{2A}{(n+1)(n+2)} \sum_{i+j+k=n} b_{i,j,k},
\tag{2.17}
$$

其中 A 表示三角形 A 的面积. 例如, 令 $f = \boldsymbol{B}^{(2)} \cdot (b_1, b_2, \cdots, b_6)^{\mathrm{T}}$, 则

$$
\iint_A f\mathrm{d}s = \frac{A}{6}(b_1 + b_2 + \cdots + b_6).
$$

(3) B 网表示的偏导运算. $f(\lambda_1, \lambda_2, \lambda_3)$ 的偏导数计算如下

$$
\begin{cases}
\dfrac{\partial f}{\partial \lambda_1} = n \displaystyle\sum_{\substack{i+j+k=n, \\ i \neq 0}} b_{i,j,k} B^{n-1}_{i-1,j,k}, \\[2mm]
\dfrac{\partial f}{\partial \lambda_2} = n \displaystyle\sum_{\substack{i+j+k=n, \\ j \neq 0}} b_{i,j,k} B^{n-1}_{i,j-1,k}, \\[2mm]
\dfrac{\partial f}{\partial \lambda_3} = n \displaystyle\sum_{\substack{i+j+k=n, \\ k \neq 0}} b_{i,j,k} B^{n-1}_{i,j,k-1}.
\end{cases}
\tag{2.18}
$$

例如, 令 $f = \boldsymbol{B}^{(2)} \cdot (b_1, b_2, \cdots, b_6)^{\mathrm{T}}$, 则

$$\begin{cases} \dfrac{\partial f}{\partial \lambda_1} = 2(b_1\lambda_1 + b_2\lambda_2 + b_3\lambda_3), \\[2mm] \dfrac{\partial f}{\partial \lambda_2} = 2(b_2\lambda_1 + b_4\lambda_2 + b_5\lambda_3), \\[2mm] \dfrac{\partial f}{\partial \lambda_3} = 2(b_3\lambda_1 + b_5\lambda_2 + b_6\lambda_3). \end{cases}$$

由式 (2.8), 得

$$\begin{cases} \dfrac{\partial f}{\partial x} = \dfrac{\partial f}{\partial \lambda_1}\dfrac{\partial \lambda_1}{\partial x} + \dfrac{\partial f}{\partial \lambda_2}\dfrac{\partial \lambda_2}{\partial x} + \dfrac{\partial f}{\partial \lambda_3}\dfrac{\partial \lambda_3}{\partial x} \\[2mm] \quad\ = \dfrac{1}{2A}\left(\beta_1\dfrac{\partial f}{\partial \lambda_1} + \beta_2\dfrac{\partial f}{\partial \lambda_2} + \beta_3\dfrac{\partial f}{\partial \lambda_3}\right), \\[3mm] \dfrac{\partial f}{\partial y} = \dfrac{\partial f}{\partial \lambda_1}\dfrac{\partial \lambda_1}{\partial y} + \dfrac{\partial f}{\partial \lambda_2}\dfrac{\partial \lambda_2}{\partial y} + \dfrac{\partial f}{\partial \lambda_3}\dfrac{\partial \lambda_3}{\partial y} \\[2mm] \quad\ = \dfrac{1}{2A}\left(\gamma_1\dfrac{\partial f}{\partial \lambda_1} + \gamma_2\dfrac{\partial f}{\partial \lambda_2} + \gamma_3\dfrac{\partial f}{\partial \lambda_3}\right). \end{cases} \tag{2.19}$$

用 B 网的形式给出偏导, 例如

$$\begin{cases} \dfrac{\partial f}{\partial x} = (\lambda_1,\ \lambda_2,\ \lambda_3)\cdot(f_{x_1}, f_{x_2}, f_{x_3})^{\mathrm{T}}, \\[2mm] \dfrac{\partial f}{\partial y} = (\lambda_1,\ \lambda_2,\ \lambda_3)\cdot(f_{y_1}, f_{y_2}, f_{y_3})^{\mathrm{T}}, \end{cases}$$

则偏导的 B 网系数为

$$\begin{cases} f_{x_1} = \dfrac{1}{A}(\beta_1 b_1 + \beta_2 b_2 + \beta_3 b_3), \\[2mm] f_{x_2} = \dfrac{1}{A}(\beta_1 b_2 + \beta_2 b_4 + \beta_3 b_5), \\[2mm] f_{x_3} = \dfrac{1}{A}(\beta_1 b_3 + \beta_2 b_5 + \beta_3 b_6), \\[2mm] f_{y_1} = \dfrac{1}{A}(\gamma_1 b_1 + \gamma_2 b_2 + \gamma_3 b_3), \\[2mm] f_{y_2} = \dfrac{1}{A}(\gamma_1 b_2 + \gamma_2 b_4 + \gamma_3 b_5), \\[2mm] f_{y_3} = \dfrac{1}{A}(\gamma_1 b_3 + \gamma_2 b_5 + \gamma_3 b_6). \end{cases} \tag{2.20}$$

对另一个用 B 网表示的 2 次多项式 $g = \boldsymbol{B}^{(2)}\cdot(c_1, c_2, \cdots, c_6)^{\mathrm{T}}$, 它的偏导数为

$$\begin{cases} \dfrac{\partial g}{\partial x} = (\lambda_1,\ \lambda_2,\ \lambda_3)\cdot(g_{x_1}, g_{x_2}, g_{x_3})^{\mathrm{T}}, \\[2mm] \dfrac{\partial g}{\partial y} = (\lambda_1,\ \lambda_2,\ \lambda_3)\cdot(g_{y_1}, g_{y_2}, g_{y_3})^{\mathrm{T}}, \end{cases}$$

其中

$$\begin{cases} g_{x_1} = \dfrac{1}{A}(\beta_1 c_1 + \beta_2 c_2 + \beta_3 c_3), \\[2mm] g_{x_2} = \dfrac{1}{A}(\beta_1 c_2 + \beta_2 c_4 + \beta_3 c_5), \\[2mm] g_{x_3} = \dfrac{1}{A}(\beta_1 c_3 + \beta_2 c_5 + \beta_3 c_6), \\[2mm] g_{y_1} = \dfrac{1}{A}(\gamma_1 c_1 + \gamma_2 c_2 + \gamma_3 c_3), \\[2mm] g_{y_2} = \dfrac{1}{A}(\gamma_1 c_2 + \gamma_2 c_4 + \gamma_3 c_5), \\[2mm] g_{y_3} = \dfrac{1}{A}(\gamma_1 c_3 + \gamma_2 c_5 + \gamma_3 c_6). \end{cases} \tag{2.21}$$

则由乘积公式 (2.16) 和积分公式 (2.17), 得

$$\begin{cases} \iint_A \dfrac{\partial f}{\partial x}\dfrac{\partial g}{\partial x}\mathrm{d}s = (f_{x_1}, f_{x_2}, f_{x_3})\boldsymbol{M}(g_{x_1}, g_{x_2}, g_{x_3})^{\mathrm{T}}, \\[3mm] \iint_A \dfrac{\partial f}{\partial x}\dfrac{\partial g}{\partial y}\mathrm{d}s = (f_{x_1}, f_{x_2}, f_{x_3})\boldsymbol{M}(g_{y_1}, g_{y_2}, g_{y_3})^{\mathrm{T}}, \\[3mm] \iint_A \dfrac{\partial f}{\partial y}\dfrac{\partial g}{\partial y}\mathrm{d}s = (f_{y_1}, f_{y_2}, f_{y_3})\boldsymbol{M}(g_{y_1}, g_{y_2}, g_{y_3})^{\mathrm{T}}, \end{cases} \tag{2.22}$$

其中 $\boldsymbol{M}$ 是一个 3 阶矩阵:

$$\boldsymbol{M} = \frac{A}{6}\begin{bmatrix} 1 & \frac{1}{2} & \frac{1}{2} \\[2mm] \frac{1}{2} & 1 & \frac{1}{2} \\[2mm] \frac{1}{2} & \frac{1}{2} & 1 \end{bmatrix}. \tag{2.23}$$

因此, 利用 B 网表示可以将多项式的乘积、求导和积分等运算转化为对它们的 B 网系数的直接运算.

(4) B 网方法的另一个优点在于可以简单直观地给出相邻三角形上分片多项式在公共网线上的光滑连续条件. 如图 2.4 所示, 设 $(\lambda_1, \lambda_2, \lambda_3)$ 和 $(\bar{\lambda}_1, \bar{\lambda}_2, \bar{\lambda}_3)$ 分别为两个相邻三角形 $\triangle A_1 A_2 A_3$ 和 $\triangle \bar{A}_1 A_2 A_3$ 的面积坐标, $(\hat{\lambda}_1, \hat{\lambda}_2, \hat{\lambda}_3)$ 是点 $\bar{A}_1$ 关于 $\triangle A_1 A_2 A_3$ 的面积坐标.

$$f(\lambda_1, \lambda_2, \lambda_3) = \sum_{i+j+k=3} b_{i,j,k} B^3_{i,j,k}(\lambda_1, \lambda_2, \lambda_3)$$

和

$$\bar{f}(\bar{\lambda}_1, \bar{\lambda}_2, \bar{\lambda}_3) = \sum_{i+j+k=3} \bar{b}_{i,j,k} B^3_{i,j,k}(\bar{\lambda}_1, \bar{\lambda}_2, \bar{\lambda}_3)$$

分别为 $\triangle A_1 A_2 A_3$ 和 $\triangle \bar{A}_1 A_2 A_3$ 上的两个 3 次多项式, 在图 2.4 中每个域点上标出对应的 B 网系数即等价的 B 网图示. 则 $f(\lambda_1, \lambda_2, \lambda_3)$ 和 $\bar{f}(\bar{\lambda}_1, \bar{\lambda}_2, \bar{\lambda}_3)$ 在公共边界 $\overline{A_2 A_3}$ 上 C^0 连续的充要条件是

$$\bar{b}_{0,3,0} = b_{0,3,0}, \quad \bar{b}_{0,2,1} = b_{0,2,1}, \quad \bar{b}_{0,1,2} = b_{0,1,2}, \quad \bar{b}_{0,0,3} = b_{0,0,3}. \qquad (2.24)$$

C^1 连续的充要条件是式 (2.24) 及

$$\begin{cases} \bar{b}_{1,2,0} = b_{1,2,0}\hat{\lambda}_1 + b_{0,3,0}\hat{\lambda}_2 + b_{0,2,1}\hat{\lambda}_3, \\ \bar{b}_{1,1,1} = b_{1,1,1}\hat{\lambda}_1 + b_{0,2,1}\hat{\lambda}_2 + b_{0,1,2}\hat{\lambda}_3, \\ \bar{b}_{1,0,2} = b_{1,0,2}\hat{\lambda}_1 + b_{0,1,2}\hat{\lambda}_2 + b_{0,0,3}\hat{\lambda}_3. \end{cases} \qquad (2.25)$$

从几何上看, C^0 连续的充要条件是两个多项式在公共边界上的 B 网点重合; C^1 连续的充要条件是图中每对阴影三角形的四个 B 网点共面. 有关 B 网方法的更多性质可参考文献 [14, 15].

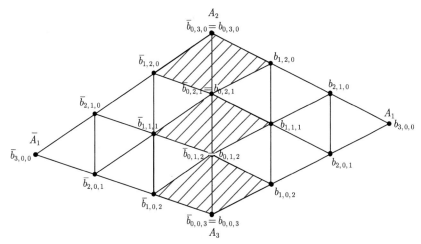

图 2.4 $f(\lambda_1, \lambda_2, \lambda_3)$ 和 $\bar{f}(\bar{\lambda}_1, \bar{\lambda}_2, \bar{\lambda}_3)$ 的光滑连接

第3章 基于II型三角剖分的平面凸四边形样条单元族

本章介绍对凸四边形单元构造 1, 2, 3, 4 次样条插值基函数, 插值节点为如图 3.1 所示的 4, 8, 12, 17 个节点, 对应四边形边界的等分点, 即 Serendipity 型单元节点.

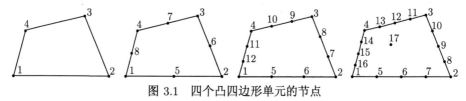

图 3.1 四个凸四边形单元的节点

3.1 基于三角化四边形剖分的样条

构造四边形样条单元的基本思想是对四边形进行三角剖分, 由此构造满足条件的样条插值基函数. 首先面临的问题是如何进行三角剖分. 如图 3.2 所示的一个四边形域 D, 记它的四个角点分别为 P_1, P_2, P_3, P_4. 一个自然的方法是在四边形内部取一个点 P_0, 连接 P_0 与四个角点, 即可得到一个三角剖分, 记为 Δ_s.

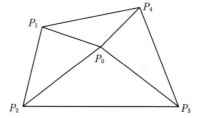

图 3.2 一个四边形上的三角化剖分 Δ_s

这个剖分有一个特殊的情况, 就是当 P_0 正好是两条对角线 $\overline{P_1P_3}$ 和 $\overline{P_2P_4}$ 的交点时, 这对定义在剖分 Δ_s 上的一些样条空间会产生本质性的影响. 例如, 2 次 1 阶光滑的样条空间 $S_2^1(\Delta_s)$, 利用光滑余因子协调法[13-15], 容易得到这个样条空间的维数为

$$\dim S_2^1(\Delta_s) = \begin{cases} 8, & P_0 \text{ 是 } \overline{P_1P_3} \text{ 和 } \overline{P_2P_4} \text{ 的交点}, \\ 7, & \text{其他情况}. \end{cases} \tag{3.1}$$

这个现象称为多元样条空间的维数奇异性, 即多元样条空间的维数不仅依赖于剖分的拓扑结构, 更严重地依赖于剖分的几何结构.

　　维数的奇异性给多元样条的应用造成了很大的不便, 为了避免维数发生变化, 需要保持剖分的几何结构不变, 即选择凸四边形 $P_1P_2P_3P_4$, 连接两条对角线 $\overline{P_1P_3}$ 和 $\overline{P_2P_4}$, 记交点为 P_0, 如图 3.3 所示. 四边形被细分为 4 个子三角形 $\triangle_1, \triangle_2, \triangle_3, \triangle_4$. 这种四边形的剖分方式称为 II 型三角剖分, 也称为 FVS 三角剖分, 曾被 Fraeijs de Veubeke 和 Sander 用于构造 16 个自由度的薄板单元[17].

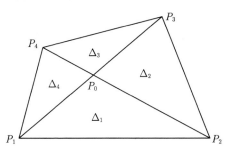

图 3.3　一个凸四边形上的三角化剖分 $\triangle$

把区域 D 的上述三角化剖分记为 $\triangle$, 一个定义在 $\triangle$ 上的样条空间如下

$$S_d^r(\triangle) = \{s \in C^r(D) : s\,|_{\triangle_i} \in \mathbb{P}_d, i = 1, 2, 3, 4\}. \tag{3.2}$$

这意味着, 一个定义在空间 $S_d^r(\triangle)$ 里的样条函数是一个次数为 d, 并且在两条对角线 $\overline{P_1P_3}$ 和 $\overline{P_2P_4}$ 上 C^r 连续的分片多项式. 在本章中, 对于凸四边形单元, 都采取这样的剖分 $\triangle$. 通过选择不同次数和光滑度的样条空间, 对应四边形 Seredipity 等参单元族的节点分布构造一族次数分别为 1, 2, 3, 4 的样条插值基函数, 由此建立相应的样条有限元.

3.2　四边形 8 节点样条单元

3.2.1　构建样条基函数

　　首先介绍李崇君在其博士论文中给出的四边形 8 节点样条单元 L8 [18,19]. 为得到和等参单元 Q8 有相同节点数的 8 节点样条单元, 考虑样条空间 $S_2^1(\triangle)$. 前面已经指出, 样条空间 $S_2^1(\triangle)$ 的维数是 8, 可以按如下方法构造 8 节点的样条基函数.

　　由 B 网方法, 任意 2 次多项式在每一个三角形上有 6 个域点, 所以四边形域上共有 13 个域点. 它们的指标如图 3.4(a) 所示. 相应的 B 网系数简记为 $b_1, \cdots, b_{13}$. 由式 (2.25) 表示的 C^1 连续条件, 所有的 B 网系数满足如下的线性方程组:

$$\begin{cases} b \cdot b_5 - b_{10} + d \cdot b_6 = 0, \\ b \cdot b_9 - b_{13} + d \cdot b_{11} = 0, \\ b \cdot b_8 - b_{12} + d \cdot b_7 = 0, \\ c \cdot b_8 - b_9 + a \cdot b_5 = 0, \\ c \cdot b_{12} - b_{13} + a \cdot b_{10} = 0, \\ c \cdot b_7 - b_{11} + a \cdot b_6 = 0, \end{cases} \tag{3.3}$$

其中

$$a = \frac{|\overline{P_4 P_0}|}{|\overline{P_4 P_2}|}, \quad b = \frac{|\overline{P_3 P_0}|}{|\overline{P_3 P_1}|}, \quad c = 1 - a, \quad d = 1 - b. \tag{3.4}$$

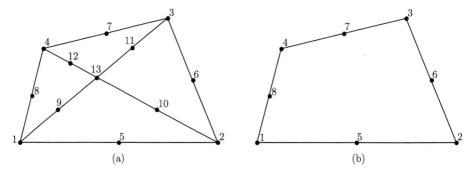

图 3.4   (a) 三角化四边形单元的 2 次 B 网域点; (b) 四边形单元的 8 个插值节点

易知线性方程组 (3.3) 系数矩阵的秩为 5, 前 8 个 B 网系数正好构成基础解系, 于是得到 8 个样条基函数, 记为 $L_1(x,y), \cdots, L_8(x,y)$, 它们的 B 网系数分别为: $\boldsymbol{L}_{b_1}, \cdots, \boldsymbol{L}_{b_8}$, 其矩阵表示为

$$\begin{bmatrix} \boldsymbol{L}_{b_1} \\ \boldsymbol{L}_{b_2} \\ \boldsymbol{L}_{b_3} \\ \boldsymbol{L}_{b_4} \\ \boldsymbol{L}_{b_5} \\ \boldsymbol{L}_{b_6} \\ \boldsymbol{L}_{b_7} \\ \boldsymbol{L}_{b_8} \end{bmatrix} = \begin{bmatrix} 1 & & & & & 0 & 0 & 0 & 0 & 0 \\ & 1 & & & & 0 & 0 & 0 & 0 & 0 \\ & & 1 & & & 0 & 0 & 0 & 0 & 0 \\ & & & 1 & & 0 & 0 & 0 & 0 & 0 \\ & & & & 1 & a & b & 0 & 0 & ab \\ & & & & & 1 & 0 & d & a & 0 & ad \\ & & & & & & 1 & 0 & 0 & c & d & cd \\ & & & & & & & 1 & c & 0 & 0 & b & bc \end{bmatrix}. \tag{3.5}$$

如图 3.5 所示, 将每个的基函数的 B 网系数画在三角形相应域点的位置上, 可以看到这 8 个基函数具有的几何对称性.

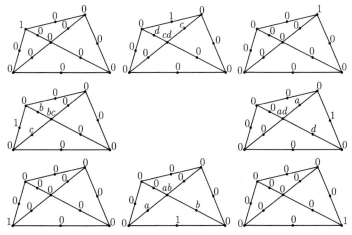

图 3.5 四边形 8 个样条基函数的 B 网系数表示

这样, 样条空间 $S_2^1(\Delta)$ 中的任意一个样条函数 $s(x,y)$ 可以表示为

$$s(x,y) = \sum_{i=1}^{8} b_i L_i(x,y). \tag{3.6}$$

由多项式在域点处的函数值与 B 网系数的等价关系 (2.12), 可得

$$s(P_1) = b_1, \quad s(P_2) = b_2, \quad s(P_3) = b_3, \quad s(P_4) = b_4,$$

$$s(P_5) = \frac{1}{4}(b_1 + b_2 + 2b_5), \quad s(P_6) = \frac{1}{4}(b_2 + b_3 + 2b_6), \tag{3.7}$$

$$s(P_7) = \frac{1}{4}(b_3 + b_4 + 2b_7), \quad s(P_8) = \frac{1}{4}(b_4 + b_1 + 2b_8).$$

进一步, 通过公式 (3.7) 解出 $b_1, b_2, \cdots, b_8$ 代入式 (3.6), 得到插值基函数 $N_1(x,y), N_2(x,y), \cdots, N_8(x,y)$ 的表示

$$s(x,y) = \sum_{i=1}^{8} s(P_i) N_i(x,y), \tag{3.8}$$

其中两组基函数的线性变换为

$$N_1 = L_1 - \frac{1}{2}L_5 - \frac{1}{2}L_8, \quad N_2 = L_2 - \frac{1}{2}L_5 - \frac{1}{2}L_6,$$

$$N_3 = L_3 - \frac{1}{2}L_6 - \frac{1}{2}L_7, \quad N_4 = L_4 - \frac{1}{2}L_7 - \frac{1}{2}L_8, \tag{3.9}$$

$$N_5 = 2L_5, \quad N_6 = 2L_6, \quad N_7 = 2L_7, \quad N_8 = 2L_8.$$

插值基函数 $N_1(x,y), N_2(x,y), \cdots, N_8(x,y)$ 的 B 网系数向量记为: $\boldsymbol{N}_{b_1}, \boldsymbol{N}_{b_2} \cdots,$
$\boldsymbol{N}_{b_8}$, 按照公式 (3.5) 和 (3.9) 可得

$$\boldsymbol{N}_{b_1} = \left(1, 0, 0, 0, -\frac{1}{2}, 0, 0, -\frac{1}{2}, -\frac{1}{2}, -\frac{b}{2}, 0, -\frac{b}{2}, -\frac{b}{2}\right)^{\mathrm{T}},$$

$$\boldsymbol{N}_{b_2} = \left(0, 1, 0, 0, -\frac{1}{2}, -\frac{1}{2}, 0, 0, -\frac{a}{2}, -\frac{1}{2}, -\frac{a}{2}, 0, -\frac{a}{2}\right)^{\mathrm{T}},$$

$$\boldsymbol{N}_{b_3} = \left(0, 0, 1, 0, 0, -\frac{1}{2}, -\frac{1}{2}, 0, 0, -\frac{d}{2}, -\frac{1}{2}, -\frac{d}{2}, -\frac{d}{2}\right)^{\mathrm{T}},$$

$$\boldsymbol{N}_{b_4} = \left(0, 0, 0, 1, 0, 0, -\frac{1}{2}, -\frac{1}{2}, -\frac{c}{2}, 0, -\frac{c}{2}, -\frac{1}{2}, -\frac{c}{2}\right)^{\mathrm{T}}, \tag{3.10}$$

$$\boldsymbol{N}_{b_5} = (0, 0, 0, 0, 2, 0, 0, 0, 2a, 2b, 0, 0, 2ab)^{\mathrm{T}},$$

$$\boldsymbol{N}_{b_6} = (0, 0, 0, 0, 0, 2, 0, 0, 0, 2d, 2a, 0, 2ad)^{\mathrm{T}},$$

$$\boldsymbol{N}_{b_7} = (0, 0, 0, 0, 0, 0, 2, 0, 0, 0, 2c, 2d, 2cd)^{\mathrm{T}},$$

$$\boldsymbol{N}_{b_8} = (0, 0, 0, 0, 0, 0, 0, 2, 2c, 0, 0, 2b, 2bc)^{\mathrm{T}}.$$

显然, 可以用 B 网方法得到每个样条基函数限制在每个三角形 $\Delta_1, \Delta_2, \Delta_3, \Delta_4$ 上的多项式表达式. 令三角形 Δ_k 的面积坐标为 $(\lambda_{k,1}, \lambda_{k,2}, \lambda_{k,3}), k = 1, 2, 3, 4$. 故定义在每个三角形上的 2 次 Bernstein 多项式为 $\boldsymbol{B}_k^{(2)} = (\lambda_{k,1}^2, \ 2\lambda_{k,1}\lambda_{k,2}, \ 2\lambda_{k,1}\lambda_{k,3}, \ \lambda_{k,2}^2, \ 2\lambda_{k,2}\lambda_{k,3}, \ \lambda_{k,3}^2)$. 记每个样条基函数 N_i 的 B 网系数分别为 $\boldsymbol{N}_{b_i} = (b_1^i, \cdots, b_{13}^i)^{\mathrm{T}}, i = 1, 2, \cdots, 8$. 则

$$\begin{cases} N_i|_{\Delta_1} = \boldsymbol{B}_1^{(2)} \cdot (b_{13}^i, b_9^i, b_{10}^i, b_1^i, b_5^i, b_2^i)^{\mathrm{T}}, \\ N_i|_{\Delta_2} = \boldsymbol{B}_2^{(2)} \cdot (b_{13}^i, b_{10}^i, b_{11}^i, b_2^i, b_6^i, b_3^i)^{\mathrm{T}}, \\ N_i|_{\Delta_3} = \boldsymbol{B}_3^{(2)} \cdot (b_{13}^i, b_{11}^i, b_{12}^i, b_3^i, b_7^i, b_4^i)^{\mathrm{T}}, \\ N_i|_{\Delta_4} = \boldsymbol{B}_4^{(2)} \cdot (b_{13}^i, b_{12}^i, b_9^i, b_4^i, b_8^i, b_1^i)^{\mathrm{T}}, \end{cases} \quad i = 1, 2, \cdots, 8. \tag{3.11}$$

事实上, 在有限元计算中无须给出每一个样条基函数的多项式表达式. 由第 2 章内容我们知道, 在三角形上多项式的乘积、求导、积分运算可以转化为相应的 B 网系数之间的运算, 见 3.2.2 节关于样条单元刚度矩阵的计算.

容易验证上述 8 节点 2 次样条基函数满足单位分解性和节点的插值性, 即

$$\sum_{i=1}^{8} N_i \equiv 1, \quad N_i(P_i) = \delta_{i,j}, \quad i, j = 1, 2, \cdots, 8, \tag{3.12}$$

其中 $\delta_{i,j}$ 是 Kronecker-delta 记号, $P_1, \cdots, P_8$ 是图 3.4(a) 中的域点, 也是图 3.4(b) 中四边形单元的 8 个插值节点.

以插值基函数 $N_1, \cdots, N_8$ 为形状函数的四边形 8 节点样条单元记为 L8[19]. 由 L8 单元的插值性质 (3.12), 两个相邻单元退化到公共边界上只和该边界的位移有关, 所以相邻单元在公共边界上是 C^0 连续的, 满足协调性. 样条基函数在四边形单元的两条对角线上是 C^1 连续的, 所以应力在单元内部是 C^0 连续的.

下面的定理说明 L8 单元在直角坐标中具有 2 阶完备性.

定理 3.1[18,19] 设 D 为凸四边形区域 $P_1P_2P_3P_4$, $N_1(x,y), \cdots, N_8(x,y)$ 是由式 (3.10) 定义的 B 网系数对应的样条插值基函数, 定义插值算子如下

$$(Nf)(x,y) := \sum_{i=1}^{8} f(P_i)N_i(x,y), \tag{3.13}$$

则对所有的 $f \in \mathbb{P}_2$, 有

$$(Nf)(x,y) \equiv f(x,y), \quad (x,y) \in D.$$

3.2.2 计算样条单元刚度矩阵

根据四边形 8 节点样条单元 L8 的插值基函数 $N_1, \cdots, N_8$, 可将位移场表示为节点位移的插值函数:

$$\begin{cases} u = \sum_{i=1}^{8} u_i N_i, \\ v = \sum_{i=1}^{8} v_i N_i. \end{cases} \tag{3.14}$$

令

$$\boldsymbol{B} = (\boldsymbol{B}_1, \ \boldsymbol{B}_2, \ \cdots, \boldsymbol{B}_8), \tag{3.15}$$

$$\boldsymbol{B}_i = \begin{bmatrix} \dfrac{\partial N_i}{\partial x} & 0 \\ 0 & \dfrac{\partial N_i}{\partial y} \\ \dfrac{\partial N_i}{\partial y} & \dfrac{\partial N_i}{\partial x} \end{bmatrix}, \quad i = 1, 2, \cdots, 8. \tag{3.16}$$

则单元刚度矩阵如下

$$\boldsymbol{K}^e = \iint_D \boldsymbol{B}^{\mathrm{T}} \boldsymbol{D} \boldsymbol{B} \mathrm{d}x\mathrm{d}y, \tag{3.17}$$

其中

$$\boldsymbol{D} = \frac{E}{1-\nu^2} \begin{bmatrix} 1 & \nu & 0 \\ \nu & 1 & 0 \\ 0 & 0 & \dfrac{1-\nu}{2} \end{bmatrix}. \tag{3.18}$$

因此, 刚度矩阵的基本计算是关于以下三个积分

$$\iint_D \frac{\partial N_i}{\partial x} \frac{\partial N_j}{\partial x} \mathrm{d}x\mathrm{d}y, \quad \iint_D \frac{\partial N_i}{\partial x} \frac{\partial N_j}{\partial y} \mathrm{d}x\mathrm{d}y,$$

$$\iint_D \frac{\partial N_i}{\partial y} \frac{\partial N_j}{\partial y} \mathrm{d}x\mathrm{d}y, \quad i,j = 1,2,\cdots,8. \tag{3.19}$$

由于四边形区域被分成四个子三角形 $\triangle_1, \triangle_2, \triangle_3, \triangle_4$, 则四边形单元 D 的刚度矩阵为

$$\boldsymbol{K}^e = \sum_{i=1}^{4} \boldsymbol{K}_i^e = \sum_{i=1}^{4} \iint_{\triangle_i} \boldsymbol{B}^{\mathrm{T}} \boldsymbol{D} \boldsymbol{B} \mathrm{d}x\mathrm{d}y. \tag{3.20}$$

以一个小三角形 $\triangle_i = \triangle P_0 P_i P_{i+1}\, (i=1,2,3,4)$ 为例, 计算其上的刚度矩阵 $\boldsymbol{K}_i^e\,(i=1,2,3,4)$, 最后求和即可得到 $\boldsymbol{K}^e$.

如图 3.3 所示, 由三角形 $\triangle_i\,(i=1,2,3,4)$ 的三个顶点 P_0, P_i, P_{i+1} 的直角坐标 (x_0, y_0),
(x_i, y_i), (x_{i+1}, y_{i+1}), 可得 $\triangle_i$ 的面积 A 以及面积坐标公式 (2.8) 中的系数,

$$\begin{cases} \alpha_1 = x_i y_{i+1} - x_{i+1} y_i, & \beta_1 = y_i - y_{i+1}, & \gamma_1 = x_{i+1} - x_i, \\ \alpha_2 = x_{i+1} y_0 - x_0 y_{i+1}, & \beta_2 = y_{i+1} - y_0, & \gamma_2 = x_0 - x_{i+1}, \\ \alpha_3 = x_0 y_i - x_i y_0, & \beta_3 = y_0 - y_i, & \gamma_3 = x_i - x_0. \end{cases} \tag{3.21}$$

由于每个样条基函数在三角形 $\triangle_i$ 上是 2 次多项式, 为了便于计算, 按照公式 (3.11) 将每个基函数 N_j 在 $\triangle_i$ 上的 6 个 B 网系数列向量分别记为 $\boldsymbol{N}_j = (\hat{b}_{j,1}, \hat{b}_{j,2}, \cdots, \hat{b}_{j,6})^{\mathrm{T}}$, $j=1,2,\cdots,8$.

由第 2 章中介绍的 Bernstein 基函数的性质和面积坐标与直角坐标的关系, 可得 2 次多项式分别关于 x 和 y 的偏导数为 1 次多项式, 可由 3 个 B 网系数表示. 将 $\frac{\partial}{\partial x} N_j$, $\frac{\partial}{\partial y} N_j$ 的 B 网系数列向量记为

$$\boldsymbol{N}_j^x = (n_{j,1}^x, n_{j,2}^x, n_{j,3}^x)^{\mathrm{T}}, \quad \boldsymbol{N}_j^y = (n_{j,1}^y, n_{j,2}^y, n_{j,3}^y)^{\mathrm{T}}, \tag{3.22}$$

由式 (2.19), 其中

$$
\begin{cases}
n_{j,1}^x = \dfrac{1}{A}(\beta_1 \hat{b}_{j,1} + \beta_2 \hat{b}_{j,2} + \beta_3 \hat{b}_{j,3}), \\[2mm]
n_{j,2}^x = \dfrac{1}{A}(\beta_1 \hat{b}_{j,2} + \beta_2 \hat{b}_{j,4} + \beta_3 \hat{b}_{j,5}), \\[2mm]
n_{j,3}^x = \dfrac{1}{A}(\beta_1 \hat{b}_{j,3} + \beta_2 \hat{b}_{j,5} + \beta_3 \hat{b}_{j,6}), \\[2mm]
n_{j,1}^y = \dfrac{1}{A}(\gamma_1 \hat{b}_{j,1} + \gamma_2 \hat{b}_{j,2} + \gamma_3 \hat{b}_{j,3}), \\[2mm]
n_{j,2}^y = \dfrac{1}{A}(\gamma_1 \hat{b}_{j,2} + \gamma_2 \hat{b}_{j,4} + \gamma_3 \hat{b}_{j,5}), \\[2mm]
n_{j,3}^y = \dfrac{1}{A}(\gamma_1 \hat{b}_{j,3} + \gamma_2 \hat{b}_{j,5} + \gamma_3 \hat{b}_{j,6}),
\end{cases}
\tag{3.23}
$$

将这些 B 网系数按照矩阵 $\boldsymbol{B}$ 中的元素编号, 组成一个 9×16 的 B 网系数矩阵 $\boldsymbol{B}_b$,

$$
\boldsymbol{B}_b = \begin{bmatrix} \boldsymbol{N}_1^x & \boldsymbol{0} & \cdots & \boldsymbol{N}_n^x & \boldsymbol{0} \\ \boldsymbol{0} & \boldsymbol{N}_1^y & \cdots & \boldsymbol{0} & \boldsymbol{N}_n^y \\ \boldsymbol{N}_1^y & \boldsymbol{N}_1^x & \cdots & \boldsymbol{N}_n^y & \boldsymbol{N}_n^x \end{bmatrix}_{9 \times 16}.
\tag{3.24}
$$

于是, 由两个 1 次多项式在三角形上的内积公式 (2.22), 可得样条单元在三角形 Δ_i 上的刚度矩阵 $\boldsymbol{K}_i^e$,

$$
\boldsymbol{K}_i^e = \boldsymbol{B}_b^{\mathrm{T}}(\boldsymbol{M} \otimes \boldsymbol{D})\boldsymbol{B}_b,
\tag{3.25}
$$

其中, 矩阵 $\boldsymbol{M}$ 由公式 (2.23) 定义, $\boldsymbol{M} \otimes \boldsymbol{D}$ 表示两个矩阵的 Kronecker 积或张量积.

由上述计算过程可以看出, 样条单元由于避免了区域变换, 在每个小三角形上可以由基函数的 B 网系数精确计算偏导数和积分值, 无需计算每个基函数的具体表达式, 也无需数值积分公式. 对于有限元程序, 只需要给定每个单元顶点的直角坐标, 即可通过式 (3.10), (3.11), (3.20)—(3.25) 计算单元刚度矩阵 (只涉及一些矩阵和向量的简单运算), 后续的有限元求解与通常有限元方法相同. 因此, 样条单元在计算效率和计算精度上都具有一定的优势.

3.3　四边形 12 节点样条单元

为得到和等参单元 Q12 具有相同节点的 12 节点样条单元, 需要找到一个样条空间和一组插值于这 12 个节点的样条基函数. 首先考虑 3 次样条空间 $S_3^2(\Delta)$, 共有 25 个 B 网域点分布在四边形上, 它们的指标如图 3.6(a) 所示, 相应的 B 网系数简记为 $b_1, \cdots, b_{25}$. 由光滑余因子协调法, 样条空间 $S_3^2(\Delta)$ 的维数正好是 12. 然而, 这个样条空间并不具有我们所想要的插值基函数. 原因是, 四边形边界上的这 12 个节点不是样条空间 $S_3^2(\Delta)$ 的插值适定节点组.

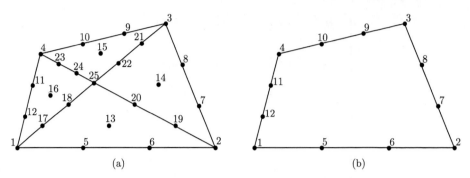

图 3.6　(a) 三角化四边形单元的 3 次 B 网域点; (b) 四边形单元的 12 个插值节点

事实上, 可以构造一个 $S_3^2(\Delta)$ 空间中的样条函数, 它在四边形内部是非零的, 但在四边形边界上取值为 0. 给出这个样条函数的 B 网系数:

$$\boldsymbol{f}_b = \left(0,0,0,0,0,0,0,0,0,0,0,0,0,\frac{cd}{ab},\frac{c}{a},1,\frac{d}{b},0,\frac{2cd}{b},0,\frac{2cd}{a},0,2c,0,2d,4cd\right)^{\mathrm{T}},$$

其中, a, b, c, d 按比值 (3.4) 定义.

这意味着, 四边形的边界就是由上述样条函数定义的一条 $S_3^2(\Delta)$ 空间中的分片代数曲线. 由样条插值与分片代数曲线的关系, 一组节点为 $S_3^2(\Delta)$ 的 Lagrange 插值适定节点组的充要条件为这一组节点不落在该样条空间的一条分片代数曲线上[14,15]. 因此, 边界上的 12 个节点并不是样条空间 $S_3^2(\Delta)$ 的插值适定节点组.

于是需要寻找另一个样条空间, 考虑 3 次样条空间 $S_3^1(\Delta)$, 在两条对角线上的 C^1 连续条件等价于

$$\begin{cases} b \cdot b_{11} - b_{23} + d \cdot b_{10} = 0, \\ b \cdot b_{16} - b_{24} + d \cdot b_{15} = 0, \\ b \cdot b_{18} - b_{25} + d \cdot b_{22} = 0, \\ b \cdot b_{13} - b_{20} + d \cdot b_{14} = 0, \\ b \cdot b_6 - b_{19} + d \cdot b_7 = 0, \\ a \cdot b_5 - b_{17} + c \cdot b_{12} = 0, \\ a \cdot b_{13} - b_{18} + c \cdot b_{16} = 0, \\ a \cdot b_{20} - b_{25} + c \cdot b_{24} = 0, \\ a \cdot b_{14} - b_{22} + c \cdot b_{15} = 0, \\ a \cdot b_8 - b_{21} + c \cdot b_9 = 0. \end{cases} \tag{3.26}$$

易知, 上述线性方程组解空间的维数是 16, 并存在一组对应前 16 个 B 网系数的基函数, 记为 $L_1(x,y), L_2(x,y), \cdots, L_{16}(x,y)$, 它们的 B 网系数分别为: $\boldsymbol{L}_{b_1}, \boldsymbol{L}_{b_2}, \cdots,$

$L_{b_{16}}$. 我们给出这 16 个样条基函数的 B 网系数组成的矩阵:

$$(L_{b_1}, L_{b_2}, \cdots, L_{b_{16}})^{\mathrm{T}} = \begin{bmatrix} I_4 & O & O \\ O & I_{12} & C \end{bmatrix}_{16 \times 25}, \tag{3.27}$$

其中 I_n 是 $n \times n$ 的单位矩阵, C 是 12×9 的子矩阵,

$$C = \begin{bmatrix} a & 0 & 0 & 0 & 0 & 0 & 0 & 0 & 0 \\ 0 & 0 & b & 0 & 0 & 0 & 0 & 0 & 0 \\ 0 & 0 & d & 0 & 0 & 0 & 0 & 0 & 0 \\ 0 & 0 & 0 & 0 & a & 0 & 0 & 0 & 0 \\ 0 & 0 & 0 & 0 & c & 0 & 0 & 0 & 0 \\ 0 & 0 & 0 & 0 & 0 & 0 & d & 0 & 0 \\ 0 & 0 & 0 & 0 & 0 & 0 & b & 0 & 0 \\ c & 0 & 0 & 0 & 0 & 0 & 0 & 0 & 0 \\ 0 & a & 0 & b & 0 & 0 & 0 & 0 & ab \\ 0 & 0 & 0 & d & 0 & a & 0 & 0 & ad \\ 0 & 0 & 0 & 0 & 0 & c & 0 & d & cd \\ 0 & c & 0 & 0 & 0 & 0 & 0 & b & bc \end{bmatrix}.$$

其中, a, b, c, d 按比值 (3.4) 定义. 与 L8 单元类似, 根据样条函数在各域点处函数值与 B 网系数的等价关系, 通过如下的线性变换, 得到一组新的样条基函数, 记为 $N_1(x,y), N_2(x,y), \cdots, N_{16}(x,y)$, 使它们插值于前 16 个节点 $P_i = (x_i, y_i)$ $(i = 1, 2, \cdots, 16)$.

$$N_{b_1} = L_{b_1} - \frac{5}{6} L_{b_5} + \frac{1}{3} L_{b_6} + \frac{1}{3} L_{b_{11}} - \frac{5}{6} L_{b_{12}} + \frac{1}{3} L_{b_{13}} - \frac{7b}{39} L_{b_{13}}$$
$$- \frac{7b}{39} L_{b_{14}} - \frac{7b}{39} L_{b_{15}} + \frac{1}{3} L_{b_{16}} - \frac{7b}{39} L_{b_{16}},$$

$$N_{b_2} = L_{b_2} + \frac{1}{3} L_{b_5} - \frac{5}{6} L_{b_6} - \frac{5}{6} L_{b_7} + \frac{1}{3} L_{b_8} + \frac{1}{3} L_{b_{13}} - \frac{7a}{39} L_{b_{13}}$$
$$+ \frac{1}{3} L_{b_{14}} - \frac{7a}{39} L_{b_{14}} - \frac{7a}{39} L_{b_{15}} - \frac{7a}{39} L_{b_{16}},$$

$$N_{b_3} = L_{b_3} + \frac{1}{3} L_{b_7} - \frac{5}{6} L_{b_8} - \frac{5}{6} L_{b_9} + \frac{1}{3} L_{b_{10}} - \frac{7}{39} L_{b_{13}} + \frac{7b}{39} L_{b_{13}}$$
$$+ \frac{2}{13} L_{b_{14}} + \frac{7b}{39} L_{b_{14}} + \frac{2}{13} L_{b_{15}} + \frac{7b}{39} L_{b_{15}} - \frac{7}{39} L_{b_{16}} + \frac{7b}{39} L_{b_{16}},$$

$$N_{b_4} = L_{b_4} + \frac{1}{3} L_{b_9} - \frac{5}{6} L_{b_{10}} - \frac{5}{6} L_{b_{11}} + \frac{1}{3} L_{b_{12}} - \frac{7}{39} L_{b_{13}} + \frac{7a}{39} L_{b_{13}}$$
$$- \frac{7}{39} L_{b_{14}} + \frac{7a}{39} L_{b_{14}} + \frac{2}{13} L_{b_{15}} + \frac{7a}{39} L_{b_{15}} + \frac{2}{13} L_{b_{16}} + \frac{7a}{39} L_{b_{16}},$$

$$N_{b_5} = 3L_{b_5} - \frac{3}{2}L_{b_6} - \frac{3}{4}L_{b_{13}} - \frac{3a}{4}L_{b_{13}} + \frac{3b}{4}L_{b_{13}} + \frac{3ab}{52}L_{b_{13}} + \frac{3b}{4}L_{b_{14}}$$

$$+ \frac{3ab}{52}L_{b_{14}} + \frac{3ab}{52}L_{b_{15}} - \frac{3a}{4}L_{b_{16}} + \frac{3ab}{52}L_{b_{16}},$$

$$N_{b_6} = -\frac{3}{2}L_{b_5} + 3L_{b_6} - \frac{3}{4}L_{b_{13}} + \frac{3a}{4}L_{b_{13}} - \frac{3b}{4}L_{b_{13}} + \frac{3ab}{52}L_{b_{13}}$$

$$- \frac{3b}{4}L_{b_{14}} + \frac{3ab}{52}L_{b_{14}} + \frac{3ab}{52}L_{b_{15}} + \frac{3a}{4}L_{b_{16}} + \frac{3ab}{52}L_{b_{16}},$$

$$N_{b_7} = 3L_{b_7} - \frac{3}{2}L_{b_8} - \frac{3}{4}L_{b_{13}} + \frac{3a}{52}L_{b_{13}} + \frac{3b}{4}L_{b_{13}} - \frac{3ab}{52}L_{b_{13}}$$

$$- \frac{3}{2}L_{b_{14}} + \frac{21a}{26}L_{b_{14}} + \frac{3b}{4}L_{b_{14}} - \frac{3ab}{52}L_{b_{14}} + \frac{21a}{26}L_{b_{15}}$$

$$- \frac{3ab}{52}L_{b_{15}} + \frac{3a}{52}L_{b_{16}} - \frac{3ab}{52}L_{b_{16}},$$

$$N_{b_8} = -\frac{3}{2}L_{b_7} + 3L_{b_8} + \frac{3}{4}L_{b_{13}} + \frac{3a}{52}L_{b_{13}} - \frac{3b}{4}L_{b_{13}} - \frac{3ab}{52}L_{b_{13}} - \frac{9a}{13}L_{b_{14}}$$

$$- \frac{3b}{4}L_{b_{14}} - \frac{3ab}{52}L_{b_{14}} - \frac{9a}{13}L_{b_{15}} - \frac{3ab}{52}L_{b_{15}} + \frac{3a}{52}L_{b_{16}} - \frac{3ab}{52}L_{b_{16}},$$

$$N_{b_9} = 3L_{b_9} - \frac{3}{2}L_{b_{10}} + \frac{3}{52}L_{b_{13}} - \frac{3a}{52}L_{b_{13}} - \frac{3b}{52}L_{b_{13}} + \frac{3ab}{52}L_{b_{13}}$$

$$- \frac{9}{13}L_{b_{14}} + \frac{9a}{13}L_{b_{14}} - \frac{3b}{52}L_{b_{14}} + \frac{3ab}{52}L_{b_{14}} - \frac{9}{13}L_{b_{15}} + \frac{9a}{13}L_{b_{15}}$$

$$- \frac{21b}{26}L_{b_{15}} + \frac{3ab}{52}L_{b_{15}} + \frac{21}{26}L_{b_{16}} - \frac{3a}{52}L_{b_{16}} - \frac{21b}{26}L_{b_{16}} + \frac{3ab}{52}L_{b_{16}},$$

$$N_{b_{10}} = -\frac{3}{2}L_{b_9} + 3L_{b_{10}} + \frac{3}{52}L_{b_{13}} - \frac{3a}{52}L_{b_{13}} - \frac{3b}{52}L_{b_{13}} + \frac{3ab}{52}L_{b_{13}}$$

$$+ \frac{21}{26}L_{b_{14}} - \frac{21a}{26}L_{b_{14}} - \frac{3b}{52}L_{b_{14}} + \frac{3ab}{52}L_{b_{14}} - \frac{9}{13}L_{b_{15}} - \frac{21a}{26}L_{b_{15}}$$

$$+ \frac{9b}{13}L_{b_{15}} + \frac{3ab}{52}L_{b_{15}} - \frac{9}{13}L_{b_{16}} - \frac{3a}{52}L_{b_{16}} + \frac{9b}{13}L_{b_{16}} + \frac{3ab}{52}L_{b_{16}},$$

$$N_{b_{11}} = 3L_{b_{11}} - \frac{3}{2}L_{b_{12}} + \frac{3}{4}L_{b_{13}} - \frac{3a}{4}L_{b_{13}} + \frac{3b}{52}L_{b_{13}} - \frac{3ab}{52}L_{b_{13}} + \frac{3b}{52}L_{b_{14}}$$

$$- \frac{3ab}{52}L_{b_{14}} - \frac{9b}{13}L_{b_{15}} - \frac{3ab}{52}L_{b_{15}} - \frac{3a}{4}L_{b_{16}} - \frac{9b}{13}L_{b_{16}} - \frac{3ab}{52}L_{b_{16}},$$

$$N_{b_{12}} = -\frac{3}{2}L_{b_{11}} + 3L_{b_{12}} - \frac{3}{4}L_{b_{13}} + \frac{3a}{4}L_{b_{13}} + \frac{3b}{52}L_{b_{13}} - \frac{3ab}{52}L_{b_{13}} + \frac{3b}{52}L_{b_{14}}$$

$$- \frac{3ab}{52}L_{b_{14}} - \frac{21b}{26}L_{b_{15}} - \frac{3ab}{52}L_{b_{15}} - \frac{3}{2}L_{b_{16}} + \frac{3a}{4}L_{b_{16}} + \frac{21b}{26}L_{b_{16}}$$

$$-\frac{3ab}{52}\boldsymbol{L}_{b_{16}},$$

$$\boldsymbol{N}_{b_{13}} = \frac{9}{2}\boldsymbol{L}_{b_{13}} - \frac{3a}{2}\boldsymbol{L}_{b_{13}} - \frac{3b}{2}\boldsymbol{L}_{b_{13}} + \frac{15ab}{26}\boldsymbol{L}_{b_{13}} - \frac{3b}{2}\boldsymbol{L}_{b_{14}}$$

$$+ \frac{15ab}{26}\boldsymbol{L}_{b_{15}} - \frac{3a}{2}\boldsymbol{L}_{b_{16}} + \frac{15ab}{26}\boldsymbol{L}_{b_{16}},$$

$$\boldsymbol{N}_{b_{14}} = -\frac{3}{2}\boldsymbol{L}_{b_{13}} + \frac{15a}{26}\boldsymbol{L}_{b_{13}} + \frac{3b}{2}\boldsymbol{L}_{b_{13}} - \frac{15ab}{26}\boldsymbol{L}_{b_{13}} + 3\boldsymbol{L}_{b_{14}} - \frac{12a}{13}\boldsymbol{L}_{b_{14}}$$

$$+ \frac{3b}{2}\boldsymbol{L}_{b_{14}} - \frac{15ab}{26}\boldsymbol{L}_{b_{14}} - \frac{12a}{13}\boldsymbol{L}_{b_{15}} - \frac{15ab}{26}\boldsymbol{L}_{b_{15}} + \frac{15a}{26}\boldsymbol{L}_{b_{16}} - \frac{15ab}{26}\boldsymbol{L}_{b_{16}},$$

$$\boldsymbol{N}_{b_{15}} = \frac{15}{26}\boldsymbol{L}_{b_{13}} - \frac{15a}{26}\boldsymbol{L}_{b_{13}} - \frac{15b}{26}\boldsymbol{L}_{b_{13}} + \frac{15ab}{26}\boldsymbol{L}_{b_{13}} - \frac{12}{13}\boldsymbol{L}_{b_{14}}$$

$$+ \frac{12a}{13}\boldsymbol{L}_{b_{14}} - \frac{15b}{26}\boldsymbol{L}_{b_{14}} + \frac{15ab}{26}\boldsymbol{L}_{b_{14}} + \frac{27}{13}\boldsymbol{L}_{b_{15}} + \frac{12a}{13}\boldsymbol{L}_{b_{15}}$$

$$+ \frac{12b}{13}\boldsymbol{L}_{b_{15}} + \frac{15ab}{26}\boldsymbol{L}_{b_{15}} - \frac{12}{13}\boldsymbol{L}_{b_{16}} - \frac{15a}{26}\boldsymbol{L}_{b_{16}} + \frac{12b}{13}\boldsymbol{L}_{b_{16}} + \frac{15ab}{26}\boldsymbol{L}_{b_{16}},$$

$$\boldsymbol{N}_{b_{16}} = -\frac{3}{2}\boldsymbol{L}_{b_{13}} + \frac{3a}{2}\boldsymbol{L}_{b_{13}} + \frac{15b}{26}\boldsymbol{L}_{b_{13}} - \frac{15ab}{26}\boldsymbol{L}_{b_{13}} + \frac{15b}{26}\boldsymbol{L}_{b_{14}} - \frac{15ab}{26}\boldsymbol{L}_{b_{14}}$$

$$- \frac{12b}{13}\boldsymbol{L}_{b_{15}} - \frac{15ab}{26}\boldsymbol{L}_{b_{15}} + 3\boldsymbol{L}_{b_{16}} + \frac{3a}{2}\boldsymbol{L}_{b_{16}} - \frac{12b}{13}\boldsymbol{L}_{b_{16}} - \frac{15ab}{26}\boldsymbol{L}_{b_{16}}. \tag{3.28}$$

可以验证, 这个 16 节点的单元满足单位分解性和插值性.

$$\sum_{i=1}^{16} N_i \equiv 1, \quad N_i(P_j) = \delta_{i,j}, \quad i,j = 1,2,\cdots,16, \tag{3.29}$$

其中 $P_1, P_2, \cdots, P_{16}$ 为如图 3.6(a) 所示节点.

同样利用 B 网方法, 可以证明这个 16 节点的单元在直角坐标中具有 3 阶完备性.

定理 3.2 设 D 是任意凸四边形域 $P_1 P_2 P_3 P_4$, $N_1(x,y), \cdots, N_{16}(x,y)$ 是由式 (3.27) 和式 (3.28) 定义的 B 网系数对应的样条插值基函数, 定义插值算子如下

$$(Nf)(x,y) := \sum_{i=1}^{16} f(P_i) N_i(x,y), \tag{3.30}$$

则对所有的 $f(x,y) \in \mathbb{P}_3$,

$$(Nf)(x,y) \equiv f(x,y), \quad (x,y) \in D.$$

证明 注意到 Nf 是一个线性算子, 因此只需验证 3 次多项式空间 $\mathbb{P}_3$ 的幂基 $1, x, y, \cdots, x^3, \cdots, y^3$ 满足上述等式即可.

为了避免出现单元内部的节点, 构造一个只有 12 个边界节点的 Serendipity 型四边形单元 (图 3.6(b)), 在解空间中寻找一个 12 维的子空间, 由子空间的基函数构成 12 节点的单元. 当然, 子空间的选法是不唯一的, 以下给出三种子空间基函数的选法, 由此得到的三个样条单元分别记为 L12-A, L12-B, L12-C, 对应的 12 个样条基函数在 25 个域点上的 B 网系数分别如下.

1) L12-A

$$\boldsymbol{L}_{b_1}^{(1)} = \left(1,0,0,0,0,0,0,0,0,0,0,0,0,\right.$$
$$\left.\frac{b^2}{6a}, \frac{-b^3}{6ad}, \frac{-b^3}{6cd}, \frac{b^2}{6c}, 0, \frac{b^2}{3}, 0, 0, 0, \frac{-b^3}{3d}, 0, 0, 0\right)^{\mathrm{T}},$$

$$\boldsymbol{L}_{b_2}^{(1)} = \left(0,1,0,0,0,0,0,0,0,0,0,0,0,\right.$$
$$\left.\frac{-2a^2}{3b}, \frac{-a^2}{3d}, \frac{-a^3}{3cd}, \frac{-2a^3}{3bc}, 0, \frac{-4a^3}{3b}, 0, -a^2, 0, \frac{-2a^3}{3d}, 0, \frac{-a^3}{c}, -2a^3\right)^{\mathrm{T}},$$

$$\boldsymbol{L}_{b_3}^{(1)} = \left(0,0,1,0,0,0,0,0,0,0,0,0,0,\right.$$
$$\left.\frac{d^3}{6ab}, \frac{-d^2}{6a}, \frac{-d^2}{6c}, \frac{d^3}{6bc}, 0, \frac{d^3}{3b}, 0, 0, 0, \frac{-d^2}{3}, 0, 0, 0\right)^{\mathrm{T}},$$

$$\boldsymbol{L}_{b_4}^{(1)} = \left(0,0,0,1,0,0,0,0,0,0,0,0,0,\right.$$
$$\left.\frac{-2c^3}{3ab}, \frac{-c^3}{3ad}, \frac{-c^2}{3d}, \frac{-2c^2}{3b}, 0, \frac{-4c^3}{3b}, 0, \frac{-c^3}{a}, 0, \frac{-2c^3}{3d}, 0, -c^2, -2c^3\right)^{\mathrm{T}},$$

$$\boldsymbol{L}_{b_5}^{(1)} = (0,0,0,0,1,0,0,0,0,0,0,0,0,0,0,0,0,0,a,0,0,0,0,0,0,0,0)^{\mathrm{T}},$$

$$\boldsymbol{L}_{b_6}^{(1)} = \left(0,0,0,0,0,1,0,0,0,0,0,0,0,\right.$$
$$\left.\frac{3a}{2}, \frac{ab}{2d}, \frac{a^2b}{2cd}, \frac{a^2}{2c}, 0, 2a^2, b, 2ab, 0, \frac{a^2b}{d}, 0, \frac{a^2b}{c}, 3a^2b\right)^{\mathrm{T}},$$

$$\boldsymbol{L}_{b_7}^{(1)} = \left(0,0,0,0,0,0,1,0,0,0,0,0,0,\right.$$
$$\left.\frac{ad}{b}, a, 0, \frac{a^2d}{bc}, 0, \frac{2a^2d}{b}, d, 2ad, 0, a^2, 0, \frac{a^2d}{c}, 3a^2d\right)^{\mathrm{T}},$$

$$\boldsymbol{L}_{b_8}^{(1)} = \Big(0,0,0,0,0,0,0,1,0,0,0,0,$$

$$\frac{-d^2}{2b}, \frac{d}{2}, \frac{ad}{2c}, \frac{-ad^2}{2bc}, 0, \frac{-ad^2}{b}, 0,0,a,ad,0,0,0 \Big)^{\mathrm{T}},$$

$$\boldsymbol{L}_{b_9}^{(1)} = \Big(0,0,0,0,0,0,0,0,1,0,0,0,$$

$$\frac{-cd^2}{2ab}, \frac{cd}{2a}, \frac{d}{2}, \frac{-d^2}{2b}, 0, \frac{-cd^2}{b}, 0,0,c,cd,0,0,0 \Big)^{\mathrm{T}},$$

$$\boldsymbol{L}_{b_{10}}^{(1)} = \Big(0,0,0,0,0,0,0,0,0,1,0,0,$$

$$\frac{c^2d}{ab}, 0, c, \frac{cd}{b}, 0, \frac{2c^2d}{b}, 0, \frac{c^2d}{a}, 0, c^2, d, 2cd, 3c^2d \Big)^{\mathrm{T}},$$

$$\boldsymbol{L}_{b_{11}}^{(1)} = \Big(0,0,0,0,0,0,0,0,0,0,1,0,$$

$$\frac{c^2}{2a}, \frac{bc^2}{2ad}, \frac{bc}{2d}, \frac{3c}{2}, 0, 2c^2, 0, \frac{bc^2}{a}, 0, \frac{bc^2}{d}, b, 2bc, 3bc^2 \Big)^{\mathrm{T}},$$

$$\boldsymbol{L}_{b_{12}}^{(1)} = (0,0,0,0,0,0,0,0,0,0,0,1,0,0,0,0,c,0,0,0,0,0,0,0,0)^{\mathrm{T}}. \tag{3.31}$$

2) L12-B

$$\boldsymbol{L}_{b_1}^{(2)} = (1,0,0,0,0,0,0,0,0,0,0,0,0,0,0,0,0,0,0,0,0,0,0,0,0)^{\mathrm{T}},$$

$$\boldsymbol{L}_{b_2}^{(2)} = \Big(0,1,0,0,0,0,0,0,0,0,0,0,0,$$

$$\frac{-a^2}{2b}, \frac{-a^2}{2d}, \frac{-a^3}{2cd}, \frac{-a^3}{2bc}, 0, \frac{-a^3}{b}, 0, -a^2, 0, \frac{-a^3}{d}, 0, \frac{-a^3}{c}, -2a^3 \Big)^{\mathrm{T}},$$

$$\boldsymbol{L}_{b_3}^{(2)} = (0,0,1,0,0,0,0,0,0,0,0,0,0,0,0,0,0,0,0,0,0,0,0,0,0)^{\mathrm{T}},$$

$$\boldsymbol{L}_{b_4}^{(2)} = \Big(0,0,0,1,0,0,0,0,0,0,0,0,0,$$

$$\frac{-c^3}{2ab}, \frac{-c^3}{2ad}, \frac{-c^2}{2d}, \frac{-c^2}{2b}, 0, \frac{-c^3}{b}, 0, \frac{-c^3}{a}, 0, \frac{-c^3}{d}, 0, -c^2, -2c^3 \Big)^{\mathrm{T}},$$

$$\boldsymbol{L}_{b_5}^{(2)} = \Big(0,0,0,0,1,0,0,0,0,0,0,0,0,$$

$$\frac{b}{4}, \frac{-b^2}{4d}, \frac{-ab^2}{4cd}, \frac{ab}{4c}, a, \frac{ab}{2}, 0,0,0, \frac{-ab^2}{2d}, 0,0,0 \Big)^{\mathrm{T}},$$

$$L_{b_6}^{(2)} = \Big(0,0,0,0,0,1,0,0,0,0,0,0,$$

$$\frac{5a}{4}, \frac{3ab}{4d}, \frac{3a^2b}{4cd}, \frac{a^2}{4c}, 0, \frac{3a^2}{2}, b, 2ab, 0, \frac{3a^2b}{2d}, 0, \frac{a^2b}{c}, 3a^2b\Big)^{\mathrm{T}},$$

$$L_{b_7}^{(2)} = \Big(0,0,0,0,0,0,1,0,0,0,0,0,$$

$$\frac{3ad}{4b}, \frac{5a}{4}, \frac{a^2}{4c}, \frac{3a^2d}{4bc}, 0, \frac{3a^2d}{2b}, d, 2ad, 0, \frac{3a^2}{2}, 0, \frac{a^2d}{c}, 3a^2d\Big)^{\mathrm{T}},$$

$$L_{b_8}^{(2)} = \Big(0,0,0,0,0,0,0,1,0,0,0,0,$$

$$\frac{-d^2}{4b}, \frac{d}{4}, \frac{ad}{4c}, \frac{-ad^2}{4bc}, 0, \frac{-ad^2}{2b}, 0, 0, a, \frac{ad}{2}, 0, 0, 0\Big)^{\mathrm{T}},$$

$$L_{b_9}^{(2)} = \Big(0,0,0,0,0,0,0,0,1,0,0,0,$$

$$\frac{-cd^2}{4ab}, \frac{cd}{4a}, \frac{d}{4}, \frac{-d^2}{4b}, 0, \frac{-cd^2}{2b}, 0, 0, c, \frac{cd}{2}, 0, 0, 0\Big)^{\mathrm{T}},$$

$$L_{b_{10}}^{(2)} = \Big(0,0,0,0,0,0,0,0,0,1,0,0,$$

$$\frac{3c^2d}{4ab}, \frac{c^2}{4a}, \frac{5c}{4}, \frac{3cd}{4b}, 0, \frac{3c^2d}{2b}, 0, \frac{c^2d}{a}, 0, \frac{3c^2}{2}, d, 2cd, 3c^2d\Big)^{\mathrm{T}},$$

$$L_{b_{11}}^{(2)} = \Big(0,0,0,0,0,0,0,0,0,0,1,0,$$

$$\frac{c^2}{4a}, \frac{3bc^2}{4ad}, \frac{3bc}{4d}, \frac{5c}{4}, 0, \frac{3c^2}{2}, 0, \frac{bc^2}{a}, 0, \frac{3bc^2}{2d}, b, 2bc, 3bc^2\Big)^{\mathrm{T}},$$

$$L_{b_{12}}^{(2)} = \Big(0,0,0,0,0,0,0,0,0,0,0,1,$$

$$\frac{bc}{4a}, \frac{-b^2c}{4ad}, \frac{-b^2}{4d}, \frac{b}{4}, c, \frac{bc}{2}, 0, 0, 0, \frac{-b^2c}{2d}, 0, 0, 0\Big)^{\mathrm{T}}. \tag{3.32}$$

3) L12-C

$$L_{b_1}^{(3)} = \Big(1,0,0,0,0,0,0,0,0,0,0,0,$$

$$\frac{-b^2}{4a}, \frac{-b^3}{4ad}, \frac{-b^3}{4cd}, \frac{-b^2}{4c}, 0, \frac{-b^2}{2}, 0, \frac{-b^3}{2a}, 0, \frac{-b^3}{2d}, 0, \frac{-b^3}{2c}, -b^3\Big)^{\mathrm{T}},$$

$$\boldsymbol{L}_{b_2}^{(3)} = \left(0, 1, 0, 0, 0, 0, 0, 0, 0, 0, 0, 0, \right.$$

$$\left. \frac{-a^2}{4b}, \frac{-a^2}{4d}, \frac{-a^3}{4cd}, \frac{-a^3}{4bc}, 0, \frac{-a^3}{2b}, 0, \frac{-a^2}{2}, 0, \frac{-a^3}{2d}, 0, \frac{-a^3}{2c}, -a^3 \right)^{\mathrm{T}},$$

$$\boldsymbol{L}_{b_3}^{(3)} = \left(0, 0, 1, 0, 0, 0, 0, 0, 0, 0, 0, 0, \right.$$

$$\left. \frac{-d^3}{4ab}, \frac{-d^2}{4a}, \frac{-d^2}{4c}, \frac{-d^3}{4bc}, 0, \frac{-d^3}{2b}, 0, \frac{-d^3}{2a}, 0, \frac{-d^2}{2}, 0, \frac{-d^3}{2c}, -d^3 \right)^{\mathrm{T}},$$

$$\boldsymbol{L}_{b_4}^{(3)} = \left(0, 0, 0, 1, 0, 0, 0, 0, 0, 0, 0, 0, \right.$$

$$\left. \frac{-c^3}{4ab}, \frac{-c^3}{4ad}, \frac{-c^2}{4d}, \frac{-c^2}{4b}, 0, \frac{-c^3}{2b}, 0, \frac{-c^3}{2a}, 0, \frac{-c^3}{2d}, 0, \frac{-c^2}{2}, -c^3 \right)^{\mathrm{T}},$$

$$\boldsymbol{L}_{b_5}^{(3)} = \left(0, 0, 0, 0, 1, 0, 0, 0, 0, 0, 0, 0, \right.$$

$$\left. \frac{3b}{4}, 0, \frac{ab^2}{4cd}, \frac{ab}{2c}, a, \frac{5ab}{4}, 0, \frac{3b^2}{4}, 0, \frac{ab^2}{4d}, 0, \frac{3ab^2}{4c}, \frac{3ab^2}{2} \right)^{\mathrm{T}},$$

$$\boldsymbol{L}_{b_6}^{(3)} = \left(0, 0, 0, 0, 0, 1, 0, 0, 0, 0, 0, 0, \right.$$

$$\left. \frac{3a}{4}, \frac{ab}{2d}, \frac{a^2b}{4cd}, 0, 0, \frac{3a^2}{4}, b, \frac{5ab}{4}, 0, \frac{3a^2b}{4d}, 0, \frac{a^2b}{4c}, \frac{3a^2b}{2} \right)^{\mathrm{T}},$$

$$\boldsymbol{L}_{b_7}^{(3)} = \left(0, 0, 0, 0, 0, 0, 1, 0, 0, 0, 0, 0, \right.$$

$$\left. \frac{ad}{2b}, \frac{3a}{4}, 0, \frac{a^2d}{4bc}, 0, \frac{3a^2d}{4b}, d, \frac{5ad}{4}, 0, \frac{3a^2}{4}, 0, \frac{a^2d}{4c}, \frac{3a^2d}{2} \right)^{\mathrm{T}},$$

$$\boldsymbol{L}_{b_8}^{(3)} = \left(0, 0, 0, 0, 0, 0, 0, 1, 0, 0, 0, 0, \right.$$

$$\left. 0, \frac{3d}{4}, \frac{ad}{2c}, \frac{ad^2}{4bc}, 0, \frac{ad^2}{4b}, 0, \frac{3d^2}{4}, a, \frac{5ad}{4}, 0, \frac{3ad^2}{4c}, \frac{3ad^2}{2} \right)^{\mathrm{T}},$$

$$\boldsymbol{L}_{b_9}^{(3)} = \left(0, 0, 0, 0, 0, 0, 0, 0, 1, 0, 0, 0, \right.$$

$$\left. \frac{cd^2}{4ab}, \frac{cd}{2a}, \frac{3d}{4}, 0, 0, \frac{cd^2}{4b}, 0, \frac{3cd^2}{4a}, c, \frac{5cd}{4}, 0, \frac{3d^2}{4}, \frac{3cd^2}{2} \right)^{\mathrm{T}},$$

$$\boldsymbol{L}_{b_{10}}^{(3)} = \Big(0, 0, 0, 0, 0, 0, 0, 0, 0, 1, 0, 0,$$

$$\frac{c^2 d}{4ab}, 0, \frac{3c}{4}, \frac{cd}{2b}, 0, \frac{3c^2 d}{4b}, 0, \frac{c^2 d}{4a}, 0, \frac{3c^2}{4}, d, \frac{5cd}{4}, \frac{3c^2 d}{2}\Big)^{\mathrm{T}},$$

$$\boldsymbol{L}_{b_{11}}^{(3)} = \Big(0, 0, 0, 0, 0, 0, 0, 0, 0, 0, 1, 0,$$

$$0, \frac{bc^2}{4ad}, \frac{bc}{2d}, \frac{3c}{4}, 0, \frac{3c^2}{4}, 0, \frac{bc^2}{4a}, 0, \frac{3bc^2}{4d}, b, \frac{5bc}{4}, \frac{3bc^2}{2}\Big)^{\mathrm{T}},$$

$$\boldsymbol{L}_{b_{12}}^{(3)} = \Big(0, 0, 0, 0, 0, 0, 0, 0, 0, 0, 0, 1,$$

$$\frac{bc}{2a}, \frac{b^2 c}{4ad}, 0, \frac{3b}{4}, c, \frac{5bc}{4}, 0, \frac{3b^2 c}{4a}, 0, \frac{b^2 c}{4d}, 0, \frac{3b^2}{4}, \frac{3b^2 c}{2}\Big)^{\mathrm{T}}. \tag{3.33}$$

其中, a, b, c, d 按比值 (3.4) 定义.

从式 (3.31)—(3.33) 中可以看出, 这三组基函数在四边形边界 12 个节点上的 B 网系数都是相同的. 通过如下同一个的线性变换, 分别得到三组新的样条基函数, 记为 $N_1^{(j)}(x, y), \cdots, N_{12}^{(j)}(x, y)$ $(j = 1, 2, 3)$, 使它们插值于边界上的 12 个节点 $P_i = (x_i, y_i)$ $(i = 1, 2, \cdots, 12)$.

$$\boldsymbol{N}_{b_1}^{(j)} = \boldsymbol{L}_{b_1}^{(j)} - \frac{5}{6}\boldsymbol{L}_{b_5}^{(j)} + \frac{1}{3}\boldsymbol{L}_{b_6}^{(j)} + \frac{1}{3}\boldsymbol{L}_{b_{11}}^{(j)} - \frac{5}{6}\boldsymbol{L}_{b_{12}}^{(j)},$$

$$\boldsymbol{N}_{b_2}^{(j)} = \boldsymbol{L}_{b_2}^{(j)} + \frac{1}{3}\boldsymbol{L}_{b_5}^{(j)} - \frac{5}{6}\boldsymbol{L}_{b_6}^{(j)} - \frac{5}{6}\boldsymbol{L}_{b_7}^{(j)} + \frac{1}{3}\boldsymbol{L}_{b_8}^{(j)},$$

$$\boldsymbol{N}_{b_3}^{(j)} = \boldsymbol{L}_{b_3}^{(j)} + \frac{1}{3}\boldsymbol{L}_{b_7}^{(j)} - \frac{5}{6}\boldsymbol{L}_{b_8}^{(j)} - \frac{5}{6}\boldsymbol{L}_{b_9}^{(j)} + \frac{1}{3}\boldsymbol{L}_{b_{10}}^{(j)},$$

$$\boldsymbol{N}_{b_4}^{(j)} = \boldsymbol{L}_{b_4}^{(j)} + \frac{1}{3}\boldsymbol{L}_{b_9}^{(j)} - \frac{5}{6}\boldsymbol{L}_{b_{10}}^{(j)} - \frac{5}{6}\boldsymbol{L}_{b_{11}}^{(j)} + \frac{1}{3}\boldsymbol{L}_{b_{12}}^{(j)},$$

$$\boldsymbol{N}_{b_5}^{(j)} = 3\boldsymbol{L}_{b_5}^{(j)} - \frac{3}{2}\boldsymbol{L}_{b_6}^{(j)}, \quad \boldsymbol{N}_{b_6}^{(j)} = -\frac{3}{2}\boldsymbol{L}_{b_5}^{(j)} + 3\boldsymbol{L}_{b_6}^{(j)}, \tag{3.34}$$

$$\boldsymbol{N}_{b_7}^{(j)} = 3\boldsymbol{L}_{b_7}^{(j)} - \frac{3}{2}\boldsymbol{L}_{b_8}^{(j)}, \quad \boldsymbol{N}_{b_8}^{(j)} = -\frac{3}{2}\boldsymbol{L}_{b_7}^{(j)} + 3\boldsymbol{L}_{b_8}^{(j)},$$

$$\boldsymbol{N}_{b_9}^{(j)} = 3\boldsymbol{L}_{b_9}^{(j)} - \frac{3}{2}\boldsymbol{L}_{b_{10}}^{(j)}, \quad \boldsymbol{N}_{b_{10}}^{(j)} = -\frac{3}{2}\boldsymbol{L}_{b_9}^{(j)} + 3\boldsymbol{L}_{b_{10}}^{(j)},$$

$$\boldsymbol{N}_{b_{11}}^{(j)} = 3\boldsymbol{L}_{b_{11}}^{(j)} - \frac{3}{2}\boldsymbol{L}_{b_{12}}^{(j)}, \quad \boldsymbol{N}_{b_{12}}^{(j)} = -\frac{3}{2}\boldsymbol{L}_{b_{11}}^{(j)} + 3\boldsymbol{L}_{b_{12}}^{(j)}.$$

可以验证, 这三个 12 节点的单元都满足单位分解性和插值性.

$$\sum_{i=1}^{12} N_i^{(j)} \equiv 1, \quad N_i^{(j)}(P_k) = \delta_{i,k}, \quad i, k = 1, 2, \cdots, 12, \tag{3.35}$$

其中 $P_1, \cdots, P_{12}$ 为如图 3.6(b) 所示的插值节点. $N_1^{(j)}(x,y), \cdots, N_{12}^{(j)}(x,y)$ $(j = 1,2,3)$ 即插值于 $P_1, \cdots, P_{12}$ 的三个 12 节点样条单元.

位移函数 u 和 v 用每个节点上的位移值 u_i, v_i $(i = 1, 2, \cdots, 12)$ 可表示为

$$\begin{cases} u = \sum_{i=1}^{12} u_i N_i^{(j)}, \\ v = \sum_{i=1}^{12} v_i N_i^{(j)}. \end{cases} \tag{3.36}$$

此后关于有限元的计算与通常 12 节点单元的列式一致, 计算单元刚度矩阵时, 只需分片计算每个三角形 $\Delta_k (k = 1, 2, 3, 4)$ 的刚度矩阵再相加即可.

由插值性质 (3.35), 两个相邻单元退化到公共边界上只和该边界的位移有关, 所以相邻单元在公共边界上是 C^0 连续的, 满足协调性. 由于样条基函数在四边形单元的两条对角线上是 C^1 连续的, 所以应力在单元内部是 C^0 连续的.

同样利用 B 网方法, 可以证明这三个 12 节点单元在直角坐标中都具有 3 阶完备性.

定理 3.3 设 D 是任意凸四边形域 $P_1 P_2 P_3 P_4$, $N_1^{(j)}(x,y), \cdots, N_{12}^{(j)}(x,y)(j = 1, 2, 3)$ 是由式 (3.31)—(3.34) 定义的三个 B 网系数对应的样条插值基函数, 定义插值算子如下

$$(N^{(j)} f)(x,y) := \sum_{i=1}^{12} f(P_i) N_i^{(j)}(x,y), \tag{3.37}$$

则对所有的 $f(x,y) \in \mathbb{P}_3$,

$$(N^{(j)} f)(x,y) \equiv f(x,y), \quad (x,y) \in D.$$

这个定理说明, 虽然这三组 12 节点的样条基函数只能生成样条空间 $S_3^1(\Delta)$ 的真子空间, 但子空间具有和 $S_3^1(\Delta)$ 空间相同的逼近阶.

3.4 四边形 17 节点样条单元

为得到和等参单元 Q17 相同节点数的 17 节点样条单元, 考虑 4 次样条空间 $S_4^3(\Delta)$, 共有 41 个 B 网域点分布在四边形上, 它们的指标如图 3.7(a) 所示. 相应的 B 网系数简记为 $b_1, \cdots, b_{41}$. 由光滑余因子协调法, 可知空间 $S_3^1(\Delta)$ 的维数为 17. 使用与构造 8 节点单元和 12 节点单元相同的方法, 可以得到 17 个 4 次样条基函数 $L_1(x,y), \cdots, L_{17}(x,y)$ 插值于前 17 个域点, 即图 3.7(b) 所示的四边形单元的插值节点. 它们的 B 网系数分别为 $\boldsymbol{L}_{b_1}, \cdots, \boldsymbol{L}_{b_{17}}$.

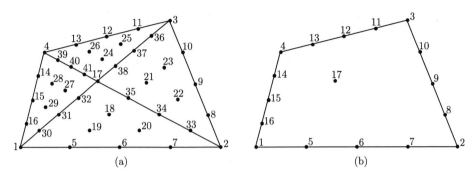

图 3.7　(a) 三角化四边形单元的 4 次 B 网域点; (b) 四边形单元的 17 个插值节点

$$\boldsymbol{L}_{b_1} = (1,0,0,0,0,0,0,0,0,0,0,0,0,0,0,0,0,0,0,0,0,0,0,0,0,$$
$$0,0,0,0,0,0,0,0,0,0,0,0,0,0,0,0,0)^{\mathrm{T}},$$

$$\boldsymbol{L}_{b_2} = (0,1,0,0,0,0,0,0,0,0,0,0,0,0,0,0,0,0,0,0,0,0,0,0,0,$$
$$0,0,0,0,0,0,0,0,0,0,0,0,0,0,0,0,0)^{\mathrm{T}},$$

$$\boldsymbol{L}_{b_3} = (0,0,1,0,0,0,0,0,0,0,0,0,0,0,0,0,0,0,0,0,0,0,0,0,0,$$
$$0,0,0,0,0,0,0,0,0,0,0,0,0,0,0,0,0)^{\mathrm{T}},$$

$$\boldsymbol{L}_{b_4} = (0,0,0,1,0,0,0,0,0,0,0,0,0,0,0,0,0,0,0,0,0,0,0,0,0,$$
$$0,0,0,0,0,0,0,0,0,0,0,0,0,0,0,0,0)^{\mathrm{T}},$$

$$\boldsymbol{L}_{b_5} = \left(0,0,0,0,1,0,0,0,0,0,0,0,0,0,0,0,0,0,\frac{-b^2}{2},\frac{b}{6},\frac{-b^2}{2a},\frac{-b^3}{2d},\frac{-b^3}{2ad},\frac{b^3}{6d^2},\frac{ab^3}{2cd},\right.$$
$$\left.\frac{ab^3}{6cd^2},\frac{ab^3}{2c^2d},\frac{ab^2}{2c},\frac{ab^2}{2c^2},\frac{ab}{6c},a,\frac{ab}{3},0,0,\frac{-b^3}{a},-b^3,0,\frac{ab^3}{3d^2},0,0,\frac{ab^3}{c^2},\frac{ab^3}{c}\right)^{\mathrm{T}},$$

$$\boldsymbol{L}_{b_6} = \left(0,0,0,0,0,1,0,0,0,0,0,0,0,0,0,0,0,0,\frac{7ab}{4},\frac{5a}{4},\frac{5b}{4},\frac{-ab^2}{4d},\frac{b^2}{4d},\frac{-3ab^2}{4d^2},\right.$$
$$\frac{-5a^2b^2}{4cd},\frac{-3a^2b^2}{4cd^2},\frac{-3a^2b^2}{4c^2d},\frac{-a^2b}{4c},\frac{-3a^2b}{4c^2},\frac{a^2}{4c},$$
$$\left.0,\frac{3a^2}{2},\frac{3a^2b}{2},0,\frac{3b^2}{2},\frac{3ab^2}{2},0,\frac{-3a^2b^2}{2d^2},\frac{-3a^2b^2}{2d},0,\frac{-3a^2b^2}{2c^2},\frac{-3a^2b^2}{2c}\right)^{\mathrm{T}},$$

$$\boldsymbol{L}_{b_7} = \left(0,0,0,0,0,0,1,0,0,0,0,0,0,0,0,0,0,0,\frac{-a^2}{2},\frac{-a^2}{2b},\frac{a}{6},\frac{a^2b}{2d},\frac{ab}{6d},\frac{a^2b}{2d^2},\frac{a^3b}{2cd},\right.$$
$$\left.\frac{a^3b}{2cd^2},\frac{a^3b}{6c^2d},\frac{-a^3}{2c},\frac{a^3}{6c^2},\frac{-a^3}{2bc},0,\frac{-a^3}{b},-a^3,b,\frac{ab}{3},0,0,\frac{a^3b}{d^2},\frac{a^3b}{d},0,\frac{a^3b}{3c^2},0\right)^{\mathrm{T}},$$

$$\boldsymbol{L}_{b_8} = \left(0,0,0,0,0,0,0,1,0,0,0,0,0,0,0,0,0,\frac{a^2d}{2b},\frac{a^2d}{2b^2},\frac{ad}{6b},\frac{-a^2}{2},\frac{a}{6},\frac{-a^2}{2d},\frac{-a^3}{2c},\right.$$

$$\left.\frac{-a^3}{2cd},\frac{a^3}{6c^2},\frac{a^3d}{2bc},\frac{a^3d}{6bc^2},\frac{a^3d}{2b^2c},0,\frac{a^3d}{b^2},\frac{a^3d}{b},d,\frac{ad}{3},0,0,\frac{-a^3}{d},-a^3,0,\frac{a^3d}{3c^2},0\right)^{\mathrm{T}},$$

$$\boldsymbol{L}_{b_9} = \left(0,0,0,0,0,0,0,0,1,0,0,0,0,0,0,0,0,\frac{-ad^2}{4b},\frac{-3ad^2}{4b^2},\frac{d^2}{4b},\frac{7ad}{4},\frac{5d}{4},\frac{5a}{4},\right.$$

$$\frac{-a^2d}{4c},\frac{a^2}{4c},\frac{-3a^2d}{4c^2},\frac{-5a^2d^2}{4bc},\frac{-3a^2d^2}{4bc^2},\frac{-3a^2d^2}{4b^2c},0,\frac{-3a^2d^2}{2b^2},\frac{-3a^2d^2}{2b},0,$$

$$\left.\frac{3d^2}{2},\frac{3ad^2}{2},0,\frac{3a^2}{2},\frac{3a^2d}{2},0,\frac{-3a^2d^2}{2c^2},\frac{-3a^2d^2}{2c}\right)^{\mathrm{T}},$$

$$\boldsymbol{L}_{b_{10}} = \left(0,0,0,0,0,0,0,0,0,1,0,0,0,0,0,0,0,\frac{-d^3}{2b},\frac{d^3}{6b^2},\frac{-d^3}{2ab},\frac{-d^2}{2},\frac{-d^2}{2a},\frac{d}{6},\frac{ad^2}{2c},\right.$$

$$\left.\frac{ad}{6c},\frac{ad^2}{2c^2},\frac{ad^3}{2bc},\frac{ad^3}{2bc^2},\frac{ad^3}{6b^2c},0,\frac{ad^3}{3b^2},0,0,\frac{-d^3}{a},-d^3,a,\frac{ad}{3},0,0,\frac{ad^3}{c^2},\frac{ad^3}{c}\right)^{\mathrm{T}},$$

$$\boldsymbol{L}_{b_{11}} = \left(0,0,0,0,0,0,0,0,0,0,0,1,0,0,0,0,0,\frac{cd^3}{2ab},\frac{cd^3}{6ab^2},\frac{cd^3}{2a^2b},\frac{cd^2}{2a},\frac{cd^2}{2a^2},\frac{cd}{6a},\frac{-d^2}{2},\right.$$

$$\left.\frac{d}{6},\frac{-d^2}{2c},\frac{-d^3}{2b},\frac{-d^3}{2bc},\frac{d^3}{6b^2},0,\frac{cd^3}{3b^2},0,0,\frac{cd^3}{a^2},\frac{cd^3}{a},c,\frac{cd}{3},0,0,\frac{-d^3}{c},-d^3\right)^{\mathrm{T}},$$

$$\boldsymbol{L}_{b_{12}} = \left(0,0,0,0,0,0,0,0,0,0,0,0,1,0,0,0,0,\frac{-5c^2d^2}{4ab},\frac{-3c^2d^2}{4ab^2},\frac{-3c^2d^2}{4a^2b},\frac{-c^2d}{4a},\right.$$

$$\frac{-3c^2d}{4a^2},\frac{c^2}{4a},\frac{7cd}{4},\frac{5c}{4},\frac{5d}{4},\frac{-cd^2}{4b},\frac{d^2}{4b},\frac{-3cd^2}{4b^2},0,\frac{-3c^2d^2}{2b^2},\frac{-3c^2d^2}{2b},0,$$

$$\left.\frac{-3c^2d^2}{2a^2},\frac{-3c^2d^2}{2a},0,\frac{3c^2}{2},\frac{3c^2d}{2},0,\frac{3d^2}{2},\frac{3cd^2}{2}\right)^{\mathrm{T}},$$

$$\boldsymbol{L}_{b_{13}} = \left(0,0,0,0,0,0,0,0,0,0,0,0,0,1,0,0,0,\frac{c^3d}{2ab},\frac{c^3d}{2ab^2},\frac{c^3d}{6a^2b},\frac{-c^3}{2a},\frac{c^3}{6a^2},\frac{-c^3}{2ad},\right.$$

$$\left.\frac{-c^2}{2},\frac{-c^2}{2d},\frac{c}{6},\frac{c^2d}{2b},\frac{cd}{6b},\frac{c^2d}{2b^2},0,\frac{c^3d}{b^2},\frac{c^3d}{b},0,\frac{c^3d}{3a^2},0,0,\frac{-c^3}{d},-c^3,d,\frac{cd}{3},0\right)^{\mathrm{T}},$$

$$\boldsymbol{L}_{b_{14}} = \left(0,0,0,0,0,0,0,0,0,0,0,0,0,0,1,0,0,0,\frac{-c^3}{2a},\frac{-c^3}{2ab},\frac{c^3}{6a^2},\frac{bc^3}{2ad},\frac{bc^3}{6a^2d},\frac{bc^3}{2ad^2},\right.$$

$$\left.\frac{bc^2}{2d},\frac{bc^2}{2d^2},\frac{bc}{6d},\frac{-c^2}{2},\frac{c}{6},\frac{-c^2}{2b},0,\frac{-c^3}{b},-c^3,0,\frac{bc^3}{3a^2},0,0,\frac{bc^3}{d^2},\frac{bc^3}{d},b,\frac{bc}{3},0\right)^{\mathrm{T}},$$

$$\boldsymbol{L}_{b_{15}} = \left(0, 0, 0, 0, 0, 0, 0, 0, 0, 0, 0, 0, 0, 0, 0, 1, 0, 0, \frac{-bc^2}{4a}, \frac{c^2}{4a}, \frac{-3bc^2}{4a^2}, \frac{-5b^2c^2}{4ad}, \right.$$

$$\frac{-3b^2c^2}{4a^2d}, \frac{-3b^2c^2}{4ad^2}, \frac{-b^2c}{4d}, \frac{-3b^2c}{4d^2}, \frac{b^2}{4d}, \frac{7bc}{4}, \frac{5b}{4}, \frac{5c}{4}, 0, \frac{3c^2}{2}, \frac{3bc^2}{2}, 0,$$

$$\left.\frac{-3b^2c^2}{2a^2}, \frac{-3b^2c^2}{2a}, 0, \frac{-3b^2c^2}{2d^2}, \frac{-3b^2c^2}{2d}, 0, \frac{3b^2}{2}, \frac{3b^2c}{2}\right)^{\mathrm{T}},$$

$$\boldsymbol{L}_{b_{16}} = \left(0, 0, 0, 0, 0, 0, 0, 0, 0, 0, 0, 0, 0, 0, 0, 1, 0, \frac{b^2c}{2a}, \frac{bc}{6a}, \frac{b^2c}{2a^2}, \frac{b^3c}{2ad}, \frac{b^3c}{2a^2d}, \frac{b^3c}{6ad^2}, \right.$$

$$\left.\frac{-b^3}{2d}, \frac{b^3}{6d^2}, \frac{-b^3}{2cd}, \frac{-b^2}{2}, \frac{-b^2}{2c}, \frac{b}{6}, c, \frac{bc}{3}, 0, 0, \frac{b^3c}{a^2}, \frac{b^3c}{a}, 0, \frac{b^3c}{3d^2}, 0, 0, \frac{-b^3}{c}, -b^3\right)^{\mathrm{T}},$$

$$\boldsymbol{L}_{b_{17}} = \left(0, 0, 0, 0, 0, 0, 0, 0, 0, 0, 0, 0, 0, 0, 0, 0, 1, \frac{1}{4ab}, \frac{1}{12ab^2}, \frac{1}{12a^2b}, \frac{1}{4ad}, \right.$$

$$\frac{1}{12a^2d}, \frac{1}{12ad^2}, \frac{1}{4cd}, \frac{1}{12cd^2}, \frac{1}{12c^2d}, \frac{1}{4bc}, \frac{1}{12bc^2}, \frac{1}{12b^2c}, 0, \frac{1}{6b^2}, \frac{1}{2b}, 0,$$

$$\left.\frac{1}{6a^2}, \frac{1}{2a}, 0, \frac{1}{6d^2}, \frac{1}{2d}, 0, \frac{1}{bc^2}, \frac{1}{2c}\right)^{\mathrm{T}}. \tag{3.38}$$

通过如下的线性变换, 得到另一组插值于 17 个节点 $P_i = (x_i, y_i)$ $(i = 1, 2, \cdots,$ 17) 的插值基函数 $N_1(x, y), N_2(x, y), \cdots, N_{17}(x, y)$, 它们的 B 网系数分别为 $\boldsymbol{N}_{b_1},$ $\boldsymbol{N}_{b_2}, \cdots, \boldsymbol{N}_{b_{17}}.$

$$\boldsymbol{N}_{b_1} = \boldsymbol{L}_{b_1} - \frac{13}{12}\boldsymbol{L}_{b_5} + \frac{13}{18}\boldsymbol{L}_{b_6} - \frac{1}{4}\boldsymbol{L}_{b_7} - \frac{1}{4}\boldsymbol{L}_{b_{14}} + \frac{13}{18}\boldsymbol{L}_{b_{15}} - \frac{13}{12}\boldsymbol{L}_{b_{16}},$$

$$\boldsymbol{N}_{b_2} = \boldsymbol{L}_{b_2} - \frac{1}{4}\boldsymbol{L}_{b_5} + \frac{13}{18}\boldsymbol{L}_{b_6} - \frac{13}{12}\boldsymbol{L}_{b_7} - \frac{13}{12}\boldsymbol{L}_{b_8} + \frac{13}{18}\boldsymbol{L}_{b_9} - \frac{1}{4}\boldsymbol{L}_{b_{10}},$$

$$\boldsymbol{N}_{b_3} = \boldsymbol{L}_{b_3} - \frac{1}{4}\boldsymbol{L}_{b_8} + \frac{13}{18}\boldsymbol{L}_{b_9} - \frac{13}{12}\boldsymbol{L}_{b_{10}} - \frac{13}{12}\boldsymbol{L}_{b_{11}} + \frac{13}{18}\boldsymbol{L}_{b_{12}} - \frac{1}{4}\boldsymbol{L}_{b_{13}},$$

$$\boldsymbol{N}_{b_4} = \boldsymbol{L}_{b_4} - \frac{1}{4}\boldsymbol{L}_{b_{11}} + \frac{13}{18}\boldsymbol{L}_{b_{12}} - \frac{13}{12}\boldsymbol{L}_{b_{13}} - \frac{13}{12}\boldsymbol{L}_{b_{14}} + \frac{13}{18}\boldsymbol{L}_{b_{15}} - \frac{1}{4}\boldsymbol{L}_{b_{16}},$$

$$\boldsymbol{N}_{b_5} = 4\boldsymbol{L}_{b_5} - \frac{32}{9}\boldsymbol{L}_{b_6} + \frac{4}{3}\boldsymbol{L}_{b_7}, \qquad \boldsymbol{N}_{b_6} = -3\boldsymbol{L}_{b_5} + \frac{20}{3}\boldsymbol{L}_{b_6} - 3\boldsymbol{L}_{b_7},$$

$$\boldsymbol{N}_{b_7} = \frac{4}{3}\boldsymbol{L}_{b_5} - \frac{32}{9}\boldsymbol{L}_{b_6} + 4\boldsymbol{L}_{b_7}, \qquad \boldsymbol{N}_{b_8} = 4\boldsymbol{L}_{b_8} - \frac{32}{9}\boldsymbol{L}_{b_9} + \frac{4}{3}\boldsymbol{L}_{b_{10}},$$

$$\boldsymbol{N}_{b_9} = -3\boldsymbol{L}_{b_8} + \frac{20}{3}\boldsymbol{L}_{b_9} - 3\boldsymbol{L}_{b_{10}}, \qquad \boldsymbol{N}_{b_{10}} = \frac{4}{3}\boldsymbol{L}_{b_8} - \frac{32}{9}\boldsymbol{L}_{b_9} + 4\boldsymbol{L}_{b_{10}},$$

$$\boldsymbol{N}_{b_{11}} = 4\boldsymbol{L}_{b_{11}} - \frac{32}{9}\boldsymbol{L}_{b_{12}} + \frac{4}{3}\boldsymbol{L}_{b_{13}}, \qquad \boldsymbol{N}_{b_{12}} = -3\boldsymbol{L}_{b_{11}} + \frac{20}{3}\boldsymbol{L}_{b_{12}} - 3\boldsymbol{L}_{b_{13}},$$

$$N_{b_{13}} = \frac{4}{3}L_{b_{11}} - \frac{32}{9}L_{b_{12}} + 4L_{b_{13}}, \quad N_{b_{14}} = 4L_{b_{14}} - \frac{32}{9}L_{b_{15}} + \frac{4}{3}L_{b_{16}},$$

$$N_{b_{15}} = -3L_{b_{14}} + \frac{20}{3}L_{b_{15}} - 3L_{b_{16}}, \quad N_{b_{16}} = \frac{4}{3}L_{b_{14}} - \frac{32}{9}L_{b_{15}} + 4L_{b_{16}},$$

$$N_{b_{17}} = L_{b_{17}}. \tag{3.39}$$

容易验证样条基函数满足单位分解性和插值性,

$$\sum_{i=1}^{17} N_i \equiv 1, \quad N_i(P_i) = \delta_{i,j}, \quad i,j = 1, 2, \cdots, 17, \tag{3.40}$$

其中 $P_1, \cdots, P_{17}$ 为如图 3.7(b) 所示的插值节点. 插值基函数 $N_1(x,y), \cdots, N_{17}(x,y)$ 作为形状函数的四边形 17 节点样条单元记为 L17. 位移函数 u 和 v 用每个节点上的位移值 u_i, v_i $(i = 1, 2, \cdots, 17)$ 可表示为

$$\begin{cases} u = \sum_{i=1}^{17} u_i N_i, \\ v = \sum_{i=1}^{17} v_i N_i. \end{cases} \tag{3.41}$$

此后关于有限元的计算与通常 17 节点样条单元的列式一致, 计算四边形单元刚度矩阵时, 只需分片计算每个三角形 $\Delta_k (k = 1, 2, 3, 4)$ 的刚度矩阵再相加即可.

由 L17 单元的插值性质 (3.40), 两个相邻单元退化到公共边界上只和该边界的位移有关, 所以相邻单元在公共边界上是 C^0 连续的, 满足协调性. 由于样条基函数在四边形单元的两条对角线上是 C^3 连续的, 所以应力在单元内部是 C^2 连续的.

下面的定理说明 L17 单元在直角坐标中具有 4 阶完备性.

定理 3.4 设 D 为凸四边形区域 $P_1P_2P_3P_4$, $N_1(x,y), \cdots, N_{17}(x,y)$ 是由式 (3.38) 和式 (3.39) 定义的 B 网系数对应的样条插值基函数, 定义插值算子如下

$$(Nf)(x,y) := \sum_{i=1}^{17} f(P_i)N_i(x,y), \tag{3.42}$$

则对所有的 $f \in \mathbb{P}_4$, 有

$$(Nf)(x,y) \equiv f(x,y), \quad (x,y) \in D.$$

3.5 四边形 4 节点样条单元

为了与之前得到的 2, 3, 4 次样条单元形成单元族, 在本节中也给出对应 1 次的 4 节点样条单元. 对 1 次样条函数, 四边形上共有 5 个域点, 它们的指标如

图 3.8(a) 所示. 在样条函数空间 $S_1^0(\Delta)$ 中, 得到一个由 4 个线性无关的样条基函数 $N_1(x,y), N_2(x,y), N_3(x,y), N_4(x,y)$ 组成的子空间, 它们的 B 网系数分别为

$$
\begin{aligned}
\boldsymbol{N}_{b_1} &= \left(1, 0, 0, 0, \frac{b}{2}\right)^{\mathrm{T}}, \\
\boldsymbol{N}_{b_2} &= \left(0, 1, 0, 0, \frac{a}{2}\right)^{\mathrm{T}}, \\
\boldsymbol{N}_{b_3} &= \left(0, 0, 1, 0, \frac{d}{2}\right)^{\mathrm{T}}, \\
\boldsymbol{N}_{b_4} &= \left(0, 0, 0, 1, \frac{c}{2}\right)^{\mathrm{T}},
\end{aligned}
\tag{3.43}
$$

其中, a, b, c, d 按比值 (3.4) 定义.

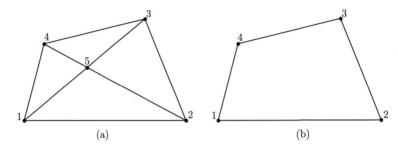

图 3.8　(a) 三角化四边形单元的 1 次 B 网域点; (b) 四边形单元的 4 个插值节点

这 4 个样条基函数满足单位分解性和插值性,

$$
\sum_{i=1}^{4} N_i \equiv 1, \quad N_i(P_i) = \delta_{i,j}, \quad i,j = 1,2,3,4,
\tag{3.44}
$$

其中 P_1, P_2, P_3, P_4 为如图 3.8(b) 所示的插值节点.

以样条基函数 $N_1(x,y), N_2(x,y), N_3(x,y), N_4(x,y)$ 为形状函数的单元记为 L4. 位移函数 u 和 v 用每个节点上的位移值 u_i, v_i $(i = 1,2,3,4)$ 可表示为

$$
\begin{cases}
u = \displaystyle\sum_{i=1}^{4} u_i N_i, \\
v = \displaystyle\sum_{i=1}^{4} v_i N_i.
\end{cases}
\tag{3.45}
$$

由 L4 单元的插值性质 (3.44), 两个相邻单元退化到公共边界上只和该边界的位移有关, 所以相邻单元在公共边界上是 C^0 连续的, 满足协调性. 但因为样条基函数是 C^0 连续的, 所以应力在四边形内是不连续的.

下面的定理说明 L4 单元在直角坐标中具有 1 阶完备性.

定理 3.5 设 D 为凸四边形区域 $P_1P_2P_3P_4$, $N_1(x,y)$, $N_2(x,y)$, $N_3(x,y)$, $N_4(x,y)$ 是由式 (3.43) 定义的 B 网系数对应的样条插值基函数, 定义插值算子如下

$$(Nf)(x,y) := \sum_{i=1}^{4} f(P_i)N_i(x,y), \tag{3.46}$$

则对所有的 $f \in \mathbb{P}_1$, 有

$$(Nf)(x,y) \equiv f(x,y), \quad (x,y) \in D.$$

上面给出了 1—4 次样条插值基函数的构造方法, 类似地, 也可以根据实际需要构造更高次的样条单元. 此外, 在构造单元时, 因为通过连接两条对角线进行三角剖分, 需要假设凸四边形的条件. 事实上, 以上构造的单元以及相应完备阶的结论对于非凸的四边形也是成立的. 只需注意到, 对于非凸四边形, 两条对角线的交点可能位于四边形之外, 相应位于四边形之外的三角形的面积坐标取负值. 当在有限元计算中, 如果内部单元出现非凸四边形, 在计算单元刚度矩阵时, 四边形之外的三角形上的积分值被抵消, 从而得到非凸四边形单元的刚度矩阵. 在随后的数值算例中, 也验证了非凸四边形单元的情况.

3.6 数 值 算 例

这一节用平面弹性问题中的一些经典算例来测试样条单元族 L4, L8, L12 (A/B/C) 和 L17 的性能, 并和其他文献中提出的单元进行比较. 其中, Q4, Q8, Q12, Q17 指 Serendipity 型等参单元族, 使用减缩积分; Q9, Q16 指 Lagrange 型等参单元, 使用全积分; QR8 和 QR10[8] 是两种精化非协调 8 节点单元; AQ8-I[10] 和 CQ8, QACM8[11] 是由四边形面积坐标建立的 8 节点单元.

例 3.1 分片检验.

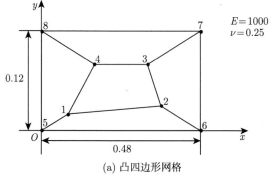

(a) 凸四边形网格   (b) 非凸四边形网格

图 3.9 分片检验

图 3.9(a) 为一被任意网格划分的小片. 对任意给定的 4 次位移场

$$
\begin{cases}
u = a_0 + a_1x + a_2y + a_3x^2 + a_4xy + a_5y^2 + a_6x^3 + a_7x^2y + a_8xy^2 + a_9y^3 \\
\quad + a_{10}x^4 + a_{11}x^3y + a_{12}x^2y^2 + a_{13}xy^3 + a_{14}y^4, \\
v = b_0 + b_1x + b_2y + b_3x^2 + b_4xy + b_5y^2 + b_6x^3 + b_7x^2y + b_8xy^2 + b_9y^3 \\
\quad + b_{10}x^4 + b_{11}x^3y + b_{12}x^2y^2 + b_{13}xy^3 + b_{14}y^4,
\end{cases}
\tag{3.47}
$$

其中系数 $a_0, b_0, \cdots, a_{14}, b_{14}$ 可由应力平衡条件得出如下关系式,

$$
\begin{cases}
a_3 = \dfrac{-1+\mu}{2}a_5 - \dfrac{1+\mu}{4}b_4, & a_6 = \dfrac{-1+\mu}{6}a_8 - \dfrac{1+\mu}{6}b_7, \\[2mm]
a_9 = \dfrac{2}{-3+3\mu}a_7 + \dfrac{1+\mu}{-3+3\mu}b_8, & a_{10} = \dfrac{-1+\mu}{12}a_{12} - \dfrac{1+\mu}{8}b_{11}, \\[2mm]
a_{11} = \dfrac{-1+\mu}{2}a_{13} - \dfrac{1+\mu}{3}b_{12}, & a_{14} = \dfrac{-3-\mu}{12}a_{12} + \dfrac{1+\mu}{8}b_{11}, \\[2mm]
b_5 = \dfrac{-1-\mu}{4}a_4 - \dfrac{1-\mu}{2}b_3, & b_6 = \dfrac{1+\mu}{-3+3\mu}a_7 + \dfrac{2}{-3+3\mu}b_8, \\[2mm]
b_9 = \dfrac{-1-\mu}{6}a_8 - \dfrac{1-\mu}{6}b_7, & b_{10} = \dfrac{1+\mu}{8}a_{13} - \dfrac{3+\mu}{12}b_{12}, \\[2mm]
b_{13} = \dfrac{-1-\mu}{3}a_{12} - \dfrac{1-\mu}{2}b_{11}, & b_{14} = \dfrac{-1-\mu}{8}a_{13} - \dfrac{1-\mu}{12}b_{12}.
\end{cases}
\tag{3.48}
$$

不失一般性, 选择如下次数 $d = 1, 2, 3, 4$ 的位移场,

$$
\begin{cases}
u = \dfrac{1}{4} + x + 3y, \\[2mm]
v = 1 + \dfrac{1}{2}x + 2y;
\end{cases}
\tag{3.49}
$$

$$
\begin{cases}
u = \dfrac{1}{4} + x + 3y - 2x^2 - 4xy + \dfrac{5}{2}y^2, \\[2mm]
v = 1 + \dfrac{1}{2}x + 2y - \dfrac{2}{3}x^2 + \dfrac{17}{5}xy + \dfrac{3}{2}y^2;
\end{cases}
\tag{3.50}
$$

$$
\begin{cases}
u = \dfrac{1}{4} + x + 3y - 2x^2 - 4xy + \dfrac{5}{2}y^2 - 2x^3 + x^2y - 4xy^2 - \dfrac{1}{3}y^3, \\[2mm]
v = 1 + \dfrac{1}{2}x + 2y - \dfrac{2}{3}x^2 + \dfrac{17}{5}xy + \dfrac{3}{2}y^2 + \dfrac{1}{3}x^3 + 12x^2y - xy^2 - \dfrac{2}{3}y^3;
\end{cases}
\tag{3.51}
$$

$$\begin{cases} u = \dfrac{1}{4} + x + 3y - 2x^2 - 4xy + \dfrac{5}{2}y^2 - 2x^3 + x^2y - 4xy^2 - \dfrac{1}{3}y^3 \\ \quad - \dfrac{7}{32}x^4 - \dfrac{19}{24}x^3y + x^2y^2 + xy^3 - \dfrac{11}{96}y^4, \\ v = 1 + \dfrac{1}{2}x + 2y - \dfrac{2}{3}x^2 + \dfrac{17}{5}xy + \dfrac{3}{2}y^2 + \dfrac{1}{3}x^3 + 12x^2y - xy^2 - \dfrac{2}{3}y^3 \\ \quad - \dfrac{11}{96}x^4 + x^3y + x^2y^2 - \dfrac{19}{24}xy^3 - \dfrac{7}{32}y^4; \end{cases} \tag{3.52}$$

表 3.1 给出了四个给定位移场的分片检验的结果. 在表中, 字母 "Y" 表示单元通过分片检验, "N" 表示不通过分片检验. 结果表明, Q4, Q8, Q12 在直角坐标系中只有 1 阶完备性, Q17 只有 2 阶完备性, 而 Q9 和 Q16 分别有 2 阶和 3 阶完备性. 根据定理 3.1—定理 3.5 的结果, 样条单元族分别有 1, 2, 3 阶和 4 阶完备性.

表 3.1   分片检验的结果(图 3.9(a))

	$d = 1(3.49)$	$d = 2(3.50)$	$d = 3(3.51)$	$d = 4(3.52)$
Q4	Y	N	N	N
Q8	Y	N	N	N
Q12	Y	N	N	N
Q17	Y	Y	N	N
Q9	Y	Y	N	N
Q16	Y	Y	Y	N
L4	Y	N	N	N
L8	Y	Y	N	N
L12-A	Y	Y	Y	N
L12-B	Y	Y	Y	N
L12-C	Y	Y	Y	N
L17	Y	Y	Y	Y

此外, 当出现如图 3.9(b) 所示的非凸四边形网格时, 样条单元族 L4, L8, L12, L17 仍然可以得到表 3.1 中一致的结果, 说明四边形样条单元对于非凸单元也是适用的.

例 3.2   悬臂梁的纯弯问题.

如图 3.10 所示, 一悬臂梁右端受一弯矩作用, 梁的厚度为 1, 按平面应力问题计算. 计算的网格及尺寸如图 3.11 所示, 其中 $L = 100$, $c = 10$. 通过计算, L8, L12, L17 单元和 Q9, Q16, Q17 单元总是可以精确地得到如下的 2 次位移场[4]:

$$\begin{cases} u = \left(\dfrac{240}{c}xy - 120x \right) \Big/ E, \\ v = \left(-\dfrac{120}{c}x^2 - \dfrac{36}{c}y^2 + 36y \right) \Big/ E. \end{cases} \tag{3.53}$$

一个选定点的挠度的数值结果见表 3.2.

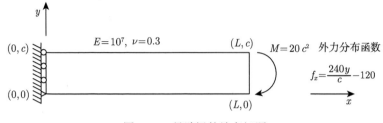

图 3.10　悬臂梁的纯弯问题

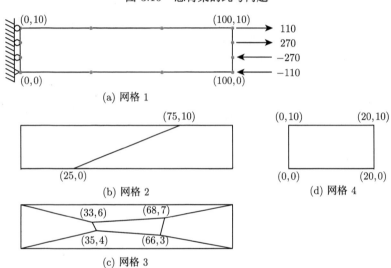

(a) 网格 1

(b) 网格 2　　　　　　　　　(d) 网格 4

(c) 网格 3

图 3.11　例 3.2 的网格剖分

表 3.2　悬臂梁的纯弯问题选定点数值计算结果(图 3.11)

	网格 1	网格 2	网格 3	网格 4
	$v(100,0) \times 10^3$	$v(100,0) \times 10^3$	$v(100,0) \times 10^3$	$v(20,0) \times 10^3$
Q8[10]	−12.00	−2.328	−0.477	−0.480
AQ8-I[10]	−12.00	−12.014	−11.997	−0.480
Q12[4]	−12.00	−5.93	−0.69	−0.480
Q17	−12.00	−12.00	−12.00	−0.480
Q9	−12.00	−12.00	−12.00	−0.480
Q16	−12.00	−12.00	−12.00	−0.480
L8[19]	−12.00	−12.00	−12.00	−0.480
L12-A	−12.00	−12.00	−12.00	−0.480
L12-B	−12.00	−12.00	−12.00	−0.480
L12-C	−12.00	−12.00	−12.00	−0.480
L17	−12.00	−12.00	−12.00	−0.480
精确解	−12.00	−12.00	−12.00	−0.480

例 3.3 悬臂梁线性弯曲问题.

对包含至少 3 次完全多项式的单元, 用如图 3.12 和图 3.13 所示的线性弯曲问题来测试网格畸变对单元精度的影响. 在此, 为了二维平面应力问题表现得像一个梁, 令边界节点自由, 并施加如图 3.12 所示的弯矩和剪力[4].

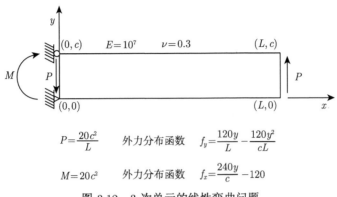

$$P = \frac{20c^2}{L} \quad \text{外力分布函数} \quad f_y = \frac{120y}{L} - \frac{120y^2}{cL}$$

$$M = 20c^2 \quad \text{外力分布函数} \quad f_x = \frac{240y}{c} - 120$$

图 3.12　3 次单元的线性弯曲问题

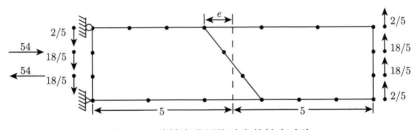

图 3.13　线性弯曲网格畸变的敏度试验

令 $L = 10, c = 2$, 并且 e 从 0 变化到 4.99. 如表 3.3 中结果所示, Q12 和 Q17 的数值结果受角畸变的影响较大. Q16, L12 和 L17 的数值结果对网格畸变不敏感, 数值结果精确地满足如下的 3 次位移场[4].

$$\begin{cases} u = \left(\dfrac{120}{cL}x^2y - \dfrac{92}{cL}y^3 - \dfrac{60}{L}x^2 - \dfrac{240}{c}xy + \dfrac{138}{L}y^2 + 120x - \dfrac{46c}{L}y \right) \Big/ E, \\ v = \left(-\dfrac{40}{cL}x^3 - \dfrac{36}{cL}xy^2 + \dfrac{120}{c}x^2 + \dfrac{36}{L}xy + \dfrac{36}{c}y^2 + \dfrac{46c}{L}x - 36y \right) \Big/ E. \end{cases} \tag{3.54}$$

例 3.4 Cook 斜梁问题.

此问题是由 Cook 首先提出的[21]. 如图 3.14 所示, 一斜悬臂梁自由端受一均匀分布剪切力作用. 点 C 处的挠度的结果列于表 3.4. 在图 3.15 中, 分别给出 Q8, Q12, Q17, L8, L12-C, L17 单元计算结果的误差对比图.

表 3.3　悬臂梁线性弯曲问题中给定点的挠度随 e 的变化情况(图 3.13)

$v(10,0) \times 10^4$	$e=0$	$e=1$	$e=2$	$e=3$	$e=4$	$e=4.99$
Q12	4.092	4.032	3.814	3.287	2.465	1.729
Q17	4.092	4.087	4.063	4.008	3.882	3.651
Q16	4.092	4.092	4.092	4.092	4.092	4.092
L12-A	4.092	4.092	4.092	4.092	4.092	4.092
L12-B	4.092	4.092	4.092	4.092	4.092	4.092
L12-C	4.092	4.092	4.092	4.092	4.092	4.092
L17	4.092	4.092	4.092	4.092	4.092	4.092
精确解	4.092	4.092	4.092	4.092	4.092	4.092

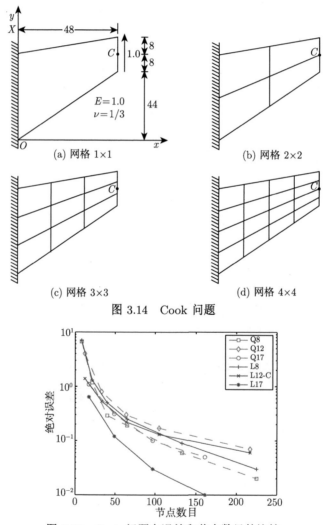

(a) 网格 1×1　　　　　(b) 网格 2×2

(c) 网格 3×3　　　　　(d) 网格 4×4

图 3.14　Cook 问题

图 3.15　Cook 问题中误差和节点数目的比较

表 3.4　Cook 梁问题计算结果(图 3.14)

v_C	网格 1×1	网格 2×2	网格 3×3	网格 4×4
Q8[10]	17.22	22.72	23.61	23.71
AQ8-I[10]	19.99	22.98	—	23.74
Q12	19.89	23.10	23.60	23.73
Q17	22.81	23.59	23.80	23.85
Q9	19.64	23.29	23.73	23.84
Q16	23.43	23.85	23.91	23.92
L8	16.91	22.59	23.40	23.65
L12-A	22.96	23.58	23.74	23.82
L12-B	22.94	23.63	23.76	23.84
L12-C	22.51	23.37	23.68	23.77
L17	23.26	23.78	23.87	23.89
精确解[8]	23.90	23.90	23.90	23.90

例 3.5　剪切载荷的敏度试验.

网格如图 3.16 所示, 当 e 从 0 变化到 4.5 时, 选定点的挠度的数值结果见表 3.5. 我们可以看出, Q16, L12 和 L17 单元在此例中能得出精度较高且稳定的结果.

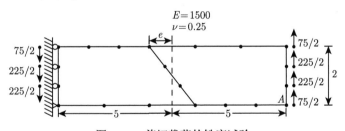

图 3.16　剪切载荷的敏度试验

表 3.5　剪切敏度问题中当 e 变化时选定点的挠度(图 3.16)

v_A	$e = 0$	$e = 1$	$e = 2$	$e = 3$	$e = 4$	$e = 4.5$	精确解[8]
Q8[8]	100.49	95.80	82.23	56.22	33.35	26.11	102.60
QR8[8]	100.49	97.91	92.29	89.74	90.26	91.16	102.60
QR10[8]	102.62	102.76	103.79	107.34	116.09	123.96	102.60
Q12	102.60	99.95	93.32	78.13	53.24	42.37	102.60
Q17	102.61	102.61	102.29	101.20	97.96	95.46	102.60
Q9	100.20	98.02	91.98	88.31	86.57	85.91	102.60
Q16	102.67	102.67	102.68	102.68	102.69	102.69	102.60
L8	98.34	93.67	89.42	87.61	85.42	83.62	102.60
L12-A	102.60	102.60	102.59	102.59	102.59	102.59	102.60
L12-B	102.59	102.58	102.57	102.57	102.58	102.59	102.60
L12-C	102.59	102.59	102.59	102.59	102.59	102.59	102.60
L17	102.64	102.64	102.64	102.65	102.66	102.64	102.60

例 3.6　MacNeal 薄梁问题.

考虑如图 3.17 所示的薄梁, 有三种网格分别为矩形网格、平行四边形网格和梯形网格[22]. 考虑两种载荷分别为纯弯矩 $M = 10.0$ 和横截面线性弯曲 $P = 1.0$. 梁的 Young 模量为 $E = 10^7$, Poisson 比为 $\nu = 0.3$, 梁的厚度为 $t = 0.1$, 梁端部的挠度列于表 3.6.

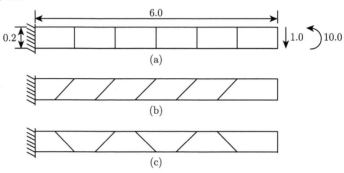

图 3.17　MacNeal 薄梁问题

表 3.6　MacNeal 薄梁端部挠度(图 3.17)

载荷	单元	网格 (a)	网格 (b)	网格 (c)	精确解[8]
M	Q8[8]	0.2677	0.2683	0.2665	0.2700
M	QR8[8]	0.2677	0.2678	0.2678	0.2700
M	QR10[8]	0.2677	0.2679	0.2680	0.2700
M	Q12	0.2677	0.2690	0.2499	0.2700
M	Q17	0.2690	0.2692	0.2692	0.2700
M	Q9	0.2690	0.2692	0.2692	0.2700
M	Q16	0.2694	0.2695	0.2695	0.2700
M	L8	0.2672	0.2675	0.2675	0.2700
M	L12-A	0.2687	0.2689	0.2688	0.2700
M	L12-B	0.2687	0.2688	0.2688	0.2700
M	L12-C	0.2677	0.2681	0.2681	0.2700
M	L17	0.2691	0.2692	0.2693	0.2700
P	Q8[8]	0.1062	0.1063	0.1052	0.1081
P	QR8[8]	0.1062	0.1051	0.1048	0.1081
P	QR10[8]	0.1067	0.1068	0.1068	0.1081
P	Q12	0.1067	0.1075	0.0995	0.1081
P	Q17	0.1075	0.1076	0.1076	0.1081
P	Q9	0.1070	0.1061	0.1061	0.1081
P	Q16	0.1078	0.1078	0.1078	0.1081
P	L8	0.1058	0.1043	0.1031	0.1081
P	L12-A	0.1073	0.1074	0.1073	0.1081
P	L12-B	0.1073	0.1074	0.1074	0.1081
P	L12-C	0.1067	0.1070	0.1070	0.1081
P	L17	0.1076	0.1076	0.1076	0.1081

例 3.7 厚曲梁问题.

一个悬臂厚曲梁在端部受到横截力, 且被剖分为如图 3.18 所示的网格. 端部竖直挠度的数值结果列于表 3.7. 在本例中, Serendipity 型等参单元和 Lagrange 型等参单元应用了曲边计算, 样条单元族应用直边计算, 我们可以看到, 计算结果是相当的.

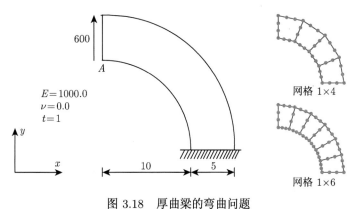

图 3.18 厚曲梁的弯曲问题

表 3.7 厚曲梁的弯曲问题中端部挠度(图 3.18)

v_A	网格 1×1	网格 1×2	网格 1×4	网格 1×6
Q8 (曲边)	68.75	88.84	90.30	90.38
CQ8[11]	30.2	77.4	88.6	—
QACM8[11]	42.7	75.5	84.1	—
Q12 (曲边)	87.50	90.04	90.20	90.23
Q17 (曲边)	89.77	90.16	90.26	102.44
Q9 (曲边)	30.28	77.30	88.53	89.31
Q16 (曲边)	82.12	90.01	90.31	90.34
L8	58.28	81.00	86.79	87.58
L12-A	83.40	89.53	89.89	89.98
L12-B	85.85	89.50	89.92	90.02
L12-C	76.77	89.10	90.08	90.15
L17	112.61	93.09	90.57	90.38
精确解[11]	90.1	90.1	90.1	90.1

3.7 本章小结

本章基于三角形面积坐标和 B 网方法, 构造了四边形样条单元族: L4, L8, L12 和 L17, 它们有如下的性质:

(1) 满足单位分解性和节点插值性;

(2) 在直角坐标系下分别有 1, 2, 3, 4 阶完备性, 并对网格畸变不敏感;

(3) L8 和 L12 单元的应力在单元内是连续的, L17 单元的应力在单元内是 C^2 连续的;

(4) 由于没有坐标变换和区域变换, 因此无需 Jacobi 逆矩阵的计算;

(5) 适用于凸和非凸的四边形单元.

数值计算结果也显示了样条单元族比相同节点的 Serendipity 型等参单元族性能更优, 而且在节点数较少的情况下计算结果与 Lagrange 型等参单元族相当.

第4章　基于 I 型三角剖分的平面四边形样条单元族

第 3 章建立的平面四边形样条单元是建立在 II 型三角剖分上的, 对于凹四边形, 两条对角线的交点落在四边形外部, 如图 4.1(a). 在本章中, 利用 I 型三角剖分, 即只连接四边形的一条对角线, 如图 4.1(b), 建立新的四边形样条单元族. 在这种情况下, 四边形剖分为两个子三角形, 同时也减少了 B 网域点的数目.

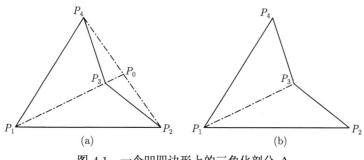

图 4.1　一个凹四边形上的三角化剖分 Δ

4.1　四边形 8 节点样条单元

本节首先构造两个 I 型三角剖分的四边形 8 节点样条单元. 在四边形区域 $P_1P_2P_3P_4$ 中连接一条对角线 $\overline{P_1P_3}$, 则它被分成两个子三角形 Δ_1, Δ_2, 如图 4.2(a) 所示.

由 B 网方法, 任意 2 次多项式在每一个三角形上有 6 个域点, 所以四边形区域上共有 9 个域点. 它们的指标如图 4.2(b) 所示, 相应的 B 网系数记为 $b_1, b_2, \cdots, b_9$.

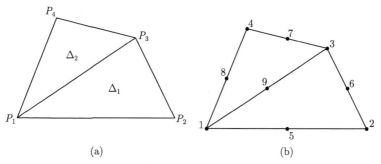

图 4.2　I 型三角剖分的四边形单元的 2 次 B 网域点

定义 4 个常数 a, b, c, d 为

$$\begin{aligned}
a &= \mathrm{Det}(1, 2, 3), \quad b = \mathrm{Det}(2, 3, 4), \\
c &= \mathrm{Det}(3, 4, 1), \quad d = \mathrm{Det}(4, 1, 2),
\end{aligned} \tag{4.1}$$

其中

$$\mathrm{Det}(i, j, k) = \begin{vmatrix} 1 & x_i & y_i \\ 1 & x_j & y_j \\ 1 & x_k & y_k \end{vmatrix}.$$

根据面积坐标的定义, 点 P_4 关于三角形 Δ_1 的面积坐标是 $\left(\dfrac{b}{a}, \dfrac{-c}{a}, \dfrac{d}{a} \right)$.

考虑一个定义在 Δ_1, Δ_2 上的二元 2 次样条空间, 样条函数是分片 2 次多项式. 由式 (2.25), 两个 2 次多项式沿对角线 $\overline{P_1 P_3}$ C^1 连续的条件是

$$\begin{cases} ab_8 = bb_1 - cb_5 + db_9, \\ ab_7 = bb_9 - cb_6 + db_3. \end{cases} \tag{4.2}$$

事实上, 式 (4.2) 中的第一个方程等价于在点 P_1 处 C^1 连续; 第二个方程等价于在点 P_3 处 C^1 连续. 很明显, 这两个方程是线性无关的. 因此对于包含 9 个未知量 $b_1, b_2, \cdots, b_9$ 的方程组解空间的维数是 7.

为了得到对应于 8 个节点 $P_1, P_2, \cdots, P_8$ 的 8 个样条基函数, 下面分别采用两组条件.

(1) 两个 2 次多项式在点 P_9 处 C^1 连续, 相应的 B 网系数满足下列方程:

$$\begin{vmatrix} 1 & x_1 & y_1 & b_1 \\ 1 & x_2 & y_2 & b_5 + b_6 - b_9 \\ 1 & x_3 & y_3 & b_3 \\ 1 & x_4 & y_4 & b_7 + b_8 - b_9 \end{vmatrix} = 0.$$

即

$$b_9 = \frac{1}{a + c} (-bb_1 - db_3 + c(b_5 + b_6) + a(b_7 + b_8)).$$

由此得到 8 个线性无关的解向量, 表示为下面的 8×9 矩阵,

$$\begin{bmatrix} \boldsymbol{b}_1^{(1)} \\ \boldsymbol{b}_2^{(1)} \\ \vdots \\ \boldsymbol{b}_8^{(1)} \end{bmatrix} = [\, \boldsymbol{I} \mid \boldsymbol{A} \,], \tag{4.3}$$

其中 $\boldsymbol{I}$ 为 8 阶单位矩阵, $\boldsymbol{A}$ 为 8×1 子矩阵,

$$\boldsymbol{A} = \frac{1}{a + c} (-b, 0, -d, 0, c, c, a, a)^{\mathrm{T}}. \tag{4.4}$$

(2) 定义 Δ_1, Δ_2 上的两个二元 2 次多项式分别在点 P_1 和点 P_3 处 C^1 连续, 再取它们的平均值. 在这种情况下, 得到 8 个样条基函数的 B 网系数矩阵为

$$
\begin{bmatrix}
\boldsymbol{b}_1^{(2)} \\
\boldsymbol{b}_2^{(2)} \\
\vdots \\
\boldsymbol{b}_8^{(2)}
\end{bmatrix}
= \begin{bmatrix} \boldsymbol{I} \mid \boldsymbol{B} \end{bmatrix}, \tag{4.5}
$$

其中 $\boldsymbol{B}$ 为 8×1 子矩阵,

$$
\boldsymbol{B} = \left(-\frac{b}{2d}, 0, -\frac{d}{2b}, 0, \frac{c}{2d}, \frac{c}{2b}, \frac{a}{2b}, \frac{a}{2d} \right)^{\mathrm{T}}. \tag{4.6}
$$

现在, 由 B 网方法得到两组样条基函数分别由式 (4.3) 和式 (4.5) 表示. 在这两种情况下, 使用每个行向量 $\boldsymbol{b}_i^{(j)}$ 作为 8 个 2 次样条基 $L_i^{(j)}$ ($i = 1, \cdots, 8$; $j = 1, 2$) 的 B 网系数. 通过一个简单的线性变换, 可以得到两组插值于边界节点 $P_1, \cdots, P_8$ 的插值基函数.

$$
\begin{aligned}
&N_1^{(j)} = L_1^{(j)} - \frac{1}{2} L_5^{(j)} - \frac{1}{2} L_8^{(j)}, \quad N_2^{(j)} = L_2^{(j)} - \frac{1}{2} L_5^{(j)} - \frac{1}{2} L_6^{(j)}, \\
&N_3^{(j)} = L_3^{(j)} - \frac{1}{2} L_6^{(j)} - \frac{1}{2} L_7^{(j)}, \quad N_4^{(j)} = L_4^{(j)} - \frac{1}{2} L_7^{(j)} - \frac{1}{2} L_8^{(j)}, \\
&N_5^{(j)} = 2 L_5^{(j)}, \quad N_6^{(j)} = 2 L_6^{(j)}, \quad N_7^{(j)} = 2 L_7^{(j)}, \quad N_8^{(j)} = 2 L_8^{(j)}.
\end{aligned} \tag{4.7}
$$

对于这两种情况, 插值基函数的 B 网系数 (用 $\boldsymbol{N}_i^{(1)}$ 和 $\boldsymbol{N}_i^{(2)}$ 表示) 为

$$
\begin{bmatrix}
\boldsymbol{N}_1^{(1)} \\
\boldsymbol{N}_2^{(1)} \\
\boldsymbol{N}_3^{(1)} \\
\boldsymbol{N}_4^{(1)} \\
\boldsymbol{N}_5^{(1)} \\
\boldsymbol{N}_6^{(1)} \\
\boldsymbol{N}_7^{(1)} \\
\boldsymbol{N}_8^{(1)}
\end{bmatrix}
=
\begin{bmatrix}
1 & 0 & 0 & 0 & -\frac{1}{2} & 0 & 0 & -\frac{1}{2} & -\frac{a+2b+c}{2(a+c)} \\
0 & 1 & 0 & 0 & -\frac{1}{2} & -\frac{1}{2} & 0 & 0 & -\frac{c}{a+c} \\
0 & 0 & 1 & 0 & 0 & -\frac{1}{2} & -\frac{1}{2} & 0 & -\frac{a+c+2d}{2(a+c)} \\
0 & 0 & 0 & 1 & 0 & 0 & -\frac{1}{2} & -\frac{1}{2} & -\frac{a}{a+c} \\
0 & 0 & 0 & 0 & 2 & 0 & 0 & 0 & \frac{2c}{a+c} \\
0 & 0 & 0 & 0 & 0 & 2 & 0 & 0 & \frac{2c}{a+c} \\
0 & 0 & 0 & 0 & 0 & 0 & 2 & 0 & \frac{2a}{a+c} \\
0 & 0 & 0 & 0 & 0 & 0 & 0 & 2 & \frac{2a}{a+c}
\end{bmatrix}. \tag{4.8}
$$

$$
\begin{bmatrix} N_1^{(2)} \\ N_2^{(2)} \\ N_3^{(2)} \\ N_4^{(2)} \\ N_5^{(2)} \\ N_6^{(2)} \\ N_7^{(2)} \\ N_8^{(2)} \end{bmatrix}
=
\begin{bmatrix}
1 & 0 & 0 & 0 & -\dfrac{1}{2} & 0 & 0 & -\dfrac{1}{2} & -\dfrac{a+2b+c}{4d} \\
0 & 1 & 0 & 0 & -\dfrac{1}{2} & -\dfrac{1}{2} & 0 & 0 & -\dfrac{c(b+d)}{4bd} \\
0 & 0 & 1 & 0 & 0 & -\dfrac{1}{2} & -\dfrac{1}{2} & 0 & -\dfrac{a+c+2d}{4b} \\
0 & 0 & 0 & 1 & 0 & 0 & -\dfrac{1}{2} & -\dfrac{1}{2} & -\dfrac{a(b+d)}{4bd} \\
0 & 0 & 0 & 0 & 2 & 0 & 0 & 0 & \dfrac{c}{d} \\
0 & 0 & 0 & 0 & 0 & 2 & 0 & 0 & \dfrac{c}{b} \\
0 & 0 & 0 & 0 & 0 & 0 & 2 & 0 & \dfrac{a}{b} \\
0 & 0 & 0 & 0 & 0 & 0 & 0 & 2 & \dfrac{a}{d}
\end{bmatrix}.
\tag{4.9}
$$

容易验证上述两个 8 节点 2 次样条基函数满足单位分解性和节点的插值性,

$$
\sum_{i=1}^{8} N_i^{(j)} \equiv 1, \quad N_i^{(j)}(P_k) = \delta_{i,k}, \quad i,k = 1,2,\cdots,8, \quad j = 1,2.
\tag{4.10}
$$

由 $\{N_i^{(1)}(x,y)\}_{i=1}^{8}$ 和 $\{N_i^{(2)}(x,y)\}_{i=1}^{8}$ 定义的样条插值基函数分别记为 L8-IA 和 L8-IB. 位移场与单元节点的关系为

$$
\begin{cases}
u = \displaystyle\sum_{i=1}^{8} u_i N_i^{(j)}, \\
v = \displaystyle\sum_{i=1}^{8} v_i N_i^{(j)}.
\end{cases}
\tag{4.11}
$$

每个基函数 $N_i^{(j)}\,(j=1,2)$ 的 B 网系数对应于两个三角形 $\triangle_1$ 和 $\triangle_2$ 分别为

$$
\begin{aligned}
\boldsymbol{N}_i|_{\triangle_1} &= \left(c_1^{(i)}, c_5^{(i)}, c_9^{(i)}, c_2^{(i)}, c_6^{(i)}, c_3^{(i)} \right), \\
\boldsymbol{N}_i|_{\triangle_2} &= \left(c_1^{(i)}, c_9^{(i)}, c_8^{(i)}, c_3^{(i)}, c_7^{(i)}, c_4^{(i)} \right).
\end{aligned}
\tag{4.12}
$$

与 II 型三角剖分的四边形单元的计算类似, 只需要分别在两个三角形上计算单元刚度矩阵再求和, 即可得到四边形对应的刚度矩阵, 这里不再赘述.

由 L8-IA 和 L8-IB 单元的插值性质 (4.10), 两个相邻单元退化到公共边界上只和该边界的位移有关, 所以相邻单元在公共边界上是 C^0 连续的, 满足协调性.

下面的定理说明 L8-IA 和 L8-IB 单元对直角坐标具有 2 阶完备性.

定理 4.1 设 D 是一个任意的四边形区域 $P_1P_2P_3P_4$, $N_1^{(j)}(x,y),\cdots,N_8^{(j)}(x,y)$ $(j=1,2)$ 是分别由式 (4.8) 和式 (4.9) 定义的 B 网系数对应的样条插值基函数, 定义插值算子如下

$$(N^{(j)}f)(x,y) := \sum_{i=1}^{8} f(x_i,y_i)N_i^{(j)}(x,y), \qquad (4.13)$$

则有 $\forall f(x,y) \in \mathbb{P}_2$,

$$(N^{(j)}f)(x,y) \equiv f(x,y), \quad (x,y) \in D.$$

注解 4.1 (1) 通过连接对角线剖分四边形有两种选择, 即 $\overline{P_1P_3}$ 或 $\overline{P_2P_4}$. 为了获得两个尽可能均匀的子三角形, 可以使用 Delaunay 三角剖分[23]的思想, 使三角形最小角度最大化. 这样可以避免出现过尖的三角形, 更适用于非凸的四边形单元.

(2) 与第 3 章中 II 型三角剖分的 8 节点单元 L8 比较, L8 有 4 个子三角形域和 5 个内部域点, 2 个新单元 L8-IA 和 L8-IB 仅有 2 个子三角形域和 1 个内部域点, 因此计算量更小.

4.2 四边形 12 节点样条单元

在本节中, 用 I 型三角剖分构造两个四边形 12 节点样条单元. 由 B 网方法, 任意 3 次多项式在每一个三角形上有 10 个域点, 所以四边形域上共有 16 个域点. 它们的指标如图 4.3 所示, 相应的 B 网系数记为 $b_1,b_2,\cdots,b_{16}$.

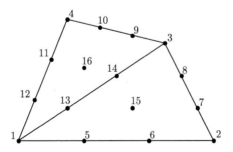

图 4.3 I 型三角剖分的四边形单元的 3 次 B 网域点

考虑一个定义在 Δ_1,Δ_2 上的二元 3 次样条空间, 样条函数是分片 3 次多项式. 为了得到对应于边界 12 节点 $P_1,P_2,\cdots,P_{12}$ 的 12 个样条插值基函数, 分别采用下面两组条件.

(1) 通过 B 网方法公式 (2.25), 考虑定义在 Δ_1,Δ_2 上的两个 3 次多项式沿对

角线 $\overline{P_1P_3}$ C^1 连续, 在点 P_1 处 C^2 连续的条件,

$$\begin{cases} ab_{12} = bb_1 - cb_5 + db_{13}, \\ ab_{16} = bb_{13} - cb_{15} + db_{14}, \\ ab_9 = bb_{14} - cb_8 + db_3, \\ a^2b_{11} = b^2b_1 - 2bcb_5 + 2bdb_{13} + c^2b_6 - 2cdb_{15} + d^2b_{14}. \end{cases} \tag{4.14}$$

其中, a, b, c, d 的定义如式 (4.1) 所示.

　　显然, 这 4 个方程是线性无关的, 通过求解上述方程组, 可以得到 12 个样条基的 B 网系数矩阵:

$$\begin{bmatrix} \boldsymbol{b}_1^{(1)} \\ \boldsymbol{b}_2^{(1)} \\ \vdots \\ \boldsymbol{b}_{12}^{(1)} \end{bmatrix} = [\,\boldsymbol{I} \mid \boldsymbol{A}\,], \tag{4.15}$$

其中 $\boldsymbol{I}$ 是 12 阶单位矩阵, $\boldsymbol{A}$ 是如下的 12×4 子矩阵

$$\boldsymbol{A} = \begin{bmatrix} -\dfrac{b}{d} & 0 & -\dfrac{b^2}{2cd} & -\dfrac{b^2}{2ad} \\ 0 & 0 & 0 & 0 \\ 0 & -\dfrac{d}{b} & -\dfrac{d^2}{2bc} & -\dfrac{d^2}{2ab} \\ 0 & 0 & 0 & 0 \\ \dfrac{c}{d} & 0 & 0 & \dfrac{bc}{ad} \\ 0 & 0 & \dfrac{c}{2d} & -\dfrac{c^2}{2ad} \\ 0 & 0 & 0 & 0 \\ 0 & \dfrac{c}{b} & \dfrac{d}{2b} & \dfrac{cd}{2ab} \\ 0 & \dfrac{a}{b} & \dfrac{ad}{2bc} & \dfrac{d}{2b} \\ 0 & 0 & 0 & 0 \\ 0 & 0 & -\dfrac{a^2}{2cd} & \dfrac{a}{2d} \\ \dfrac{a}{d} & 0 & \dfrac{ab}{cd} & 0 \end{bmatrix}. \tag{4.16}$$

(2) 考虑定义在 Δ_1, Δ_2 上的两个 3 次多项式在点 P_1 和 P_3 处分别满足 C^2 连续条件, 然后取平均值. 这样可以得到 12 个样条基的 B 网系数矩阵:

$$\begin{bmatrix} \boldsymbol{b}_1^{(2)} \\ \boldsymbol{b}_2^{(2)} \\ \vdots \\ \boldsymbol{b}_{12}^{(2)} \end{bmatrix} = [\,\boldsymbol{I} \mid \boldsymbol{B}\,], \tag{4.17}$$

其中 $\boldsymbol{I}$ 是 12 阶单位矩阵, $\boldsymbol{B}$ 是如下的 12×4 子矩阵

$$\boldsymbol{B} = \begin{bmatrix} -\dfrac{b}{d} & 0 & -\dfrac{b^2}{2cd} & -\dfrac{b^2}{2ad} \\[2mm] 0 & 0 & 0 & 0 \\[2mm] 0 & -\dfrac{d}{b} & -\dfrac{d^2}{2bc} & -\dfrac{d^2}{2ab} \\[2mm] 0 & 0 & 0 & 0 \\[2mm] \dfrac{c}{d} & 0 & \dfrac{b}{4d} & \dfrac{3bc}{4ad} \\[2mm] 0 & 0 & \dfrac{c}{4d} & -\dfrac{c^2}{4ad} \\[2mm] 0 & 0 & \dfrac{c}{4b} & -\dfrac{c^2}{4ab} \\[2mm] 0 & \dfrac{c}{b} & \dfrac{d}{4b} & \dfrac{3cd}{4ab} \\[2mm] 0 & \dfrac{a}{b} & \dfrac{3ad}{4bc} & \dfrac{d}{4b} \\[2mm] 0 & 0 & -\dfrac{a^2}{4bc} & \dfrac{a}{4b} \\[2mm] 0 & 0 & -\dfrac{a^2}{4cd} & \dfrac{a}{4d} \\[2mm] \dfrac{a}{d} & 0 & \dfrac{3ab}{4cd} & \dfrac{b}{4d} \end{bmatrix}. \tag{4.18}$$

现在, 由 B 网方法得到了两组样条基函数分别由式 (4.16) 和式 (4.18) 表示. 在这两种情况下, 使用每个行向量 $\boldsymbol{b}_i^{(j)}$ 作为 12 个 3 次样条基 $L_i^{(j)}$ ($i = 1, \cdots, 12; j = 1, 2$) 的 B 网系数. 通过一个简单的线性变换, 可以得到一组插值于边界节点 $P_1, \cdots, P_{12}$ 的插值基函数.

$$N_1^{(j)} = L_1^{(j)} - \frac{5}{6}L_5^{(j)} + \frac{1}{3}L_6^{(j)} + \frac{1}{3}L_{11}^{(j)} - \frac{5}{6}L_{12}^{(j)},$$

$$N_2^{(j)} = L_2^{(j)} + \frac{1}{3}L_5^{(j)} - \frac{5}{6}L_6^{(j)} - \frac{5}{6}L_7^{(j)} + \frac{1}{3}L_8^{(j)},$$

$$N_3^{(j)} = L_3^{(j)} + \frac{1}{3}L_7^{(j)} - \frac{5}{6}L_8^{(j)} - \frac{5}{6}L_9^{(j)} + \frac{1}{3}L_{10}^{(j)},$$

$$N_4^{(j)} = L_4^{(j)} + \frac{1}{3}L_9^{(j)} - \frac{5}{6}L_{10}^{(j)} - \frac{5}{6}L_{11}^{(j)} + \frac{1}{3}L_{12}^{(j)},$$

$$N_5^{(j)} = 3L_5^{(j)} - \frac{3}{2}L_6^{(j)}, \quad N_6^{(j)} = -\frac{3}{2}L_5^{(j)} + 3L_6^{(j)},$$

$$N_7^{(j)} = 3L_7^{(j)} - \frac{3}{2}L_8^{(j)}, \quad N_8^{(j)} = -\frac{3}{2}L_7^{(j)} + 3L_8^{(j)},$$

$$N_9^{(j)} = 3L_9^{(j)} - \frac{3}{2}L_{10}^{(j)}, \quad N_{10}^{(j)} = -\frac{3}{2}L_9^{(j)} + 3L_{10}^{(j)},$$

$$N_{11}^{(j)} = 3L_{11}^{(j)} - \frac{3}{2}L_{12}^{(j)}, \quad N_{12}^{(j)} = -\frac{3}{2}L_{11}^{(j)} + 3L_{12}^{(j)}.$$

$$(4.19)$$

由 $\{N_i^{(1)}(x,y)\}_{i=1}^{12}$ 和 $\{N_i^{(2)}(x,y)\}_{i=1}^{12}$ 定义的样条插值基函数分别记为 L12-IA 和 L12-IB.

由 L12-IA 和 L12-IB 单元的插值性质, 两个相邻单元退化到公共边界上只和该边界的位移有关, 所以相邻单元在公共边界上是 C^0 连续的, 满足协调性. 由于样条基函数在单元对角线上是 C^1 连续的, 所以应力是 C^0 连续的.

下面的定理说明 L12-IA 和 L12-IB 对直角坐标具有 3 次完备性.

定理 4.2　设 D 是一个任意的四边形区域 $P_1P_2P_3P_4$, $N_1^{(j)}(x,y), \cdots, N_{12}^{(j)}(x,y)$, $j = 1, 2$, 是由 (4.15),(4.17) 和 (4.19) 定义的 B 网系数对应的样条插值基函数, 定义插值算子如下

$$(N^{(j)}f)(x,y) := \sum_{i=1}^{12} f(x_i, y_i)N_i^{(j)}(x,y), \qquad (4.20)$$

则有 $\forall f(x,y) \in \mathbb{P}_3$,

$$(N^{(j)}f)(x,y) \equiv f(x,y), \quad (x,y) \in D.$$

4.3　四边形 17 节点样条单元

在本节中, 用 I 型三角剖分构造两个四边形 17 节点样条单元. 由 B 网方法, 任意 4 次多项式在每一个三角形上有 15 个域点, 所以四边形内一共有 25 个域点, 它们的指标如图 4.4 所示, 相应的 B 网系数记为 $b_1, b_2, \cdots, b_{25}$.

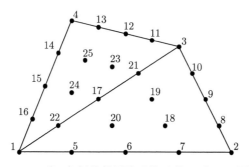

图 4.4　I 型三角剖分的四边形单元的 4 次 B 网域点

考虑一个定义在 Δ_1, Δ_2 上的二元 4 次样条空间, 样条函数是分片 4 次多项式. 由 B 网方法 (2.25)[16,20], 两个 4 次多项式沿对角线 $\overline{P_1 P_3}$ C^1, C^2 连续的条件和在点 P_1 处连续得

$$
\begin{cases}
b_{16} = (a, b, c) \cdot (b_1, b_5, b_{22})^{\mathrm{T}}, \\
b_{24} = (a, b, c) \cdot (b_{22}, b_{20}, b_{17})^{\mathrm{T}}, \\
b_{23} = (a, b, c) \cdot (b_{17}, b_{19}, b_{21})^{\mathrm{T}}, \\
b_{11} = (a, b, c) \cdot (b_{21}, b_{10}, b_3)^{\mathrm{T}}, \\
b_{15} = (a^2, 2ab, 2ac, b^2, 2bc, c^2) \cdot (b_1, b_5, b_{22}, b_6, b_{20}, b_{17})^{\mathrm{T}}, \\
b_{25} = (a^2, 2ab, 2ac, b^2, 2bc, c^2) \cdot (b_{22}, b_{20}, b_{17}, b_{18}, b_{19}, b_{21})^{\mathrm{T}}, \\
b_{12} = (a^2, 2ab, 2ac, b^2, 2bc, c^2) \cdot (b_{17}, b_{19}, b_{21}, b_9, b_{10}, b_3)^{\mathrm{T}}, \\
b_{14} = (a^4, 4a^3 b, 4a^3 c, 6a^2 b^2, 12a^2 bc, 6a^2 c^2, 4ab^3, 12ab^2 c, 12abc^2, 4ac^3, b^4, 3b^3 c, \\
\qquad\quad 6b^2 c^2, 4bc^3, c^4) \cdot (b_1, b_5, b_{22}, b_6, b_{20}, b_{17}, b_7, b_{18}, b_{19}, b_{21}, b_2, b_8, b_9, b_{10}, b_3)^{\mathrm{T}},
\end{cases}
\tag{4.21}
$$

其中, a, b, c, d 的定义如式 (4.1) 所示. 很明显, 这 8 个方程是线性无关的, 可以得到 17 个样条基的 B 网系数矩阵:

$$
\begin{bmatrix} \boldsymbol{b}_1 \\ \boldsymbol{b}_2 \\ \vdots \\ \boldsymbol{b}_{17} \end{bmatrix} = [\, \boldsymbol{I} \mid \boldsymbol{A} \,],
\tag{4.22}
$$

其中 $\boldsymbol{I}$ 是 17 阶单位矩阵, $\boldsymbol{A}$ 是 17×8 子矩阵

$$
A =
\begin{bmatrix}
-\dfrac{a^3}{4b^2c} & 0 & \dfrac{a^2}{2bc} & 0 & -\dfrac{a}{c} & 0 & -\dfrac{a^2}{2c} & -\dfrac{a^3}{4c} \\[2mm]
-\dfrac{b^2}{12ac} & 0 & 0 & 0 & 0 & 0 & 0 & -\dfrac{b^4}{12ac} \\[2mm]
-\dfrac{c^3}{4ab^2} & \dfrac{c^2}{2ab} & 0 & -\dfrac{c}{a} & 0 & -\dfrac{c^2}{2a} & 0 & -\dfrac{c^3}{4a} \\[2mm]
-\dfrac{1}{12ab^2c} & 0 & 0 & 0 & 0 & 0 & 0 & \dfrac{1}{12ac} \\[2mm]
0 & 0 & 0 & 0 & -\dfrac{b}{c} & 0 & -\dfrac{ab}{c} & -\dfrac{a^2b}{c} \\[2mm]
0 & 0 & -\dfrac{b}{2c} & 0 & 0 & 0 & -\dfrac{b^2}{2c} & -\dfrac{ab^2}{c} \\[2mm]
-\dfrac{b}{3c} & 0 & 0 & 0 & 0 & 0 & 0 & -\dfrac{b^3}{3c} \\[2mm]
-\dfrac{b}{3a} & 0 & 0 & 0 & 0 & 0 & 0 & -\dfrac{b^3}{3a} \\[2mm]
0 & -\dfrac{b}{2a} & 0 & 0 & 0 & -\dfrac{b^2}{2a} & 0 & -\dfrac{b^2c}{a} \\[2mm]
0 & 0 & 0 & -\dfrac{b}{a} & 0 & -\dfrac{bc}{a} & 0 & -\dfrac{bc^2}{a} \\[2mm]
\dfrac{2c^2}{3ab^2} & -\dfrac{c}{ab} & 0 & \dfrac{1}{a} & 0 & 0 & 0 & -\dfrac{c^2}{3a} \\[2mm]
-\dfrac{c}{2ab^2} & \dfrac{1}{2ab} & 0 & 0 & 0 & \dfrac{1}{2a} & 0 & \dfrac{c}{2a} \\[2mm]
0 & 0 & 0 & 0 & 0 & 0 & 0 & 0 \\[2mm]
0 & 0 & 0 & 0 & 0 & 0 & 0 & 0 \\[2mm]
-\dfrac{a}{2b^2c} & 0 & \dfrac{1}{2bc} & 0 & 0 & 0 & \dfrac{1}{2c} & \dfrac{a}{2c} \\[2mm]
\dfrac{2a^2}{3b^2c} & 0 & -\dfrac{a}{bc} & 0 & \dfrac{1}{c} & 0 & 0 & -\dfrac{a^2}{3c} \\[2mm]
\dfrac{ac}{2b^2} & -\dfrac{a}{2b} & -\dfrac{c}{2b} & 0 & 0 & \dfrac{a}{2} & \dfrac{c}{2} & \dfrac{ac}{2}
\end{bmatrix}.
\tag{4.23}
$$

定义 17 个 4 次样条基 L_i ($i = 1, \cdots, 17$)，使得 b_i 的每一个行向量分别为 17 个样条基的 B 网系数. 通过下面的线性变换, 得到一组对应节点 $P_1, \cdots, P_{17}$ 的插值基函数.

$$
N_1 = L_1 - \frac{13}{12}L_5 + \frac{13}{18}L_6 - \frac{1}{4}L_7 - \frac{1}{4}L_{14} + \frac{13}{18}L_{15} - \frac{13}{12}L_{16} - \frac{1}{6}L_{17} + \frac{13}{18c}L_{17}
$$

$$
+ \frac{2a}{3c}L_{17} - \frac{13b}{18c}L_{17},
$$

$$N_2 = L_2 - \frac{1}{4}L_5 + \frac{13}{18}L_6 - \frac{13}{12}L_7 - \frac{13}{12}L_8 + \frac{13}{18}L_9 - \frac{1}{4}L_{10} - \frac{b}{6a}L_{17} - \frac{b}{6c}L_{17},$$

$$N_3 = L_3 - \frac{1}{4}L_8 + \frac{13}{18}L_9 - \frac{13}{12}L_{10} - \frac{13}{12}L_{11} + \frac{13}{18}L_{12} - \frac{1}{4}L_{13} - \frac{1}{6}L_{17}$$

$$+ \frac{13}{18a}L_{17} - \frac{13b}{18a}L_{17} + \frac{2c}{3a}L_{17},$$

$$N_4 = L_4 - \frac{1}{4}L_{11} + \frac{13}{18}L_{12} - \frac{13}{12}L_{13} - \frac{13}{12}L_{14} + \frac{13}{18}L_{15} - \frac{1}{4}L_{16}$$

$$+ \frac{1}{6a}L_{17} + \frac{1}{6c}L_{17},$$

$$N_5 = 4L_5 - \frac{32}{9}L_6 + \frac{4}{3}L_7 + \frac{8b}{3c}L_{17}, \quad N_6 = -3L_5 + \frac{20}{3}L_6 - 3L_7 - \frac{2b}{c}L_{17},$$

$$N_7 = \frac{4}{3}L_5 - \frac{32}{9}L_6 + 4L_7 + \frac{8b}{9c}L_{17}, \quad N_8 = 4L_8 - \frac{32}{9}L_9 + \frac{4}{3}L_{10} + \frac{8b}{9a}L_{17},$$

$$N_9 = -3L_8 + \frac{20}{3}L_9 - 3L_{10} - \frac{2b}{a}L_{17}, \quad N_{10} = \frac{4}{3}L_8 - \frac{32}{9}L_9 + 4L_{10} + \frac{8b}{3a}L_{17},$$

$$N_{11} = 4L_{11} - \frac{32}{9}L_{12} + \frac{4}{3}L_{13} - \frac{8}{3a}L_{17}, \quad N_{12} = -3L_{11} + \frac{20}{3}L_{12} - 3L_{13} + \frac{2}{a}L_{17},$$

$$N_{13} = \frac{4}{3}L_{11} - \frac{32}{9}L_{12} + 4L_{13} - \frac{8}{9a}L_{17}, \quad N_{14} = 4L_{14} - \frac{32}{9}L_{15} + \frac{4}{3}L_{16} - \frac{8}{9c}L_{17},$$

$$N_{15} = -3L_{14} + \frac{20}{3}L_{15} - 3L_{16} + \frac{2}{c}L_{17}, \quad N_{16} = \frac{4}{3}L_{14} - \frac{32}{9}L_{15} + 4L_{16} - \frac{8}{3c}L_{17},$$

$$N_{17} = \frac{8}{3}L_{17}, \tag{4.24}$$

以 $N_1(x,y), \cdots, N_{17}(x,y)$ 为插值基函数的四边形单元记为 L17-I. 由单元的插值性质, 两个相邻单元退化到公共边界上只和该边界的位移有关, 所以相邻单元在公共边界上是 C^0 连续的, 满足协调性. 由于样条基函数在四边形单元的两条对角线上是 C^2 连续的, 所以应力在单元内部是 C^1 连续的. 下面的定理显示 L17-I 对直角坐标具有 4 次完备性.

定理 4.3 设 D 是一个任意的四边形区域 $P_1P_2P_3P_4$, $N_1(x,y), \cdots, N_{17}(x,y)$ 是由 (4.22) 和 (4.24) 定义的 B 网系数对应的样条插值基函数, 定义插值算子如下

$$(Nf)(x,y) := \sum_{i=1}^{17} f(x_i,y_i)N_i(x,y), \tag{4.25}$$

则有 $\forall f(x,y) \in \mathbb{P}_4, (Nf)(x,y) \equiv f(x,y), \quad (x,y) \in D$.

4.4 数 值 算 例

这一节中, 用和第 3 章中相同的算例来测试样条单元族 L8-IA, L8-IB, L12-IA, L12-IB 和 L17-I 的性能.

例 4.1 分片检验.

采用与例 3.1 相同的网格和 1—4 次位移场函数 (3.49)—(3.52). 图 4.5(a) 为一被任意网格划分的小片, 图 4.5(b) 出现非凸四边形网格. 表 4.1 给出了 4 个给定位移场的分片检验的结果. 在表 4.1 中, 字母 "Y" 表示单元通过分片检验, "N" 表示不通过分片检验, 两个网格的结果一致. 表明样条单元 L8-IA, L8-IB, L12-IA, L12-IB 和 L17-I 分别有 2, 3 阶和 4 阶完备性.

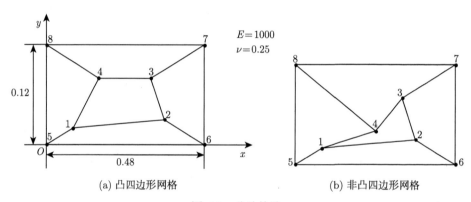

(a) 凸四边形网格   (b) 非凸四边形网格

图 4.5 分片检验

表 4.1 分片检验的结果(图 4.5(a))

	$d = 1$ (3.49)	$d = 2$ (3.50)	$d = 3$ (3.51)	$d = 4$ (3.52)
L8-IA	Y	Y	N	N
L8-IB	Y	Y	N	N
L12-IA	Y	Y	Y	N
L12-IB	Y	Y	Y	N
L17-I	Y	Y	Y	Y

例 4.2 悬臂梁的纯弯问题.

与例 3.2 相同, 如图 3.10 所示, 一悬臂梁右端受一弯矩作用, 梁的厚度为 1, 按平面应力问题计算. 计算网格及尺寸如图 3.11 所示. 通过计算, L8-IA, L8-IB, L12-IA, L12-IB 和 L17-I 单元可以精确地得到 2 次位移场 (3.53), 如表 4.2 所示.

表 4.2 悬臂梁的纯弯问题选定点数值计算结果(图 3.11)

	网格 1 $v(100,0) \times 10^3$	网格 2 $v(100,0) \times 10^3$	网格 3 $v(100,0) \times 10^3$	网格 4 $v(20,0) \times 10^3$
L8-IA	−12.00	−12.00	−12.00	−0.480
L8-IB	−12.00	−12.00	−12.00	−0.480
L12-IA	−12.00	−12.00	−12.00	−0.480
L12-IB	−12.00	−12.00	−12.00	−0.480
L17-I	−12.00	−12.00	−12.00	−0.480
精确解	−12.00	−12.00	−12.00	−0.480

例 4.3 悬臂梁线性弯曲问题.

与例 3.3 相同, 通过计算, L12-IA, L12-IB 和 L17-I 单元的结果不受网格畸变的影响, 总是可以精确满足 3 次位移场 (3.54), 如表 4.3 所示.

表 4.3 悬臂梁线性弯曲问题中给定点的挠度随 e 的变化情况(图 3.13)

$v(10,0) \times 10^4$	$e=0$	$e=1$	$e=2$	$e=3$	$e=4$	$e=4.99$
L12-IA	4.092	4.092	4.092	4.092	4.092	4.092
L12-IB	4.092	4.092	4.092	4.092	4.092	4.092
L17-I	4.092	4.092	4.092	4.092	4.092	4.092
精确解	4.092	4.092	4.092	4.092	4.092	4.092

例 4.4 Cook 斜梁问题.

采用与例 3.4 相同的网格, 计算结果如表 4.4 所示.

表 4.4 Cook 梁问题计算结果(图 3.14)

v_C	网格 1×1	网格 2×2	网格 3×3	网格 4×4
L12-IA	22.80	23.59	23.75	23.85
精确解[8]	23.90	23.90	23.90	23.90

例 4.5 剪切载荷的敏度试验.

与例 3.5 相同, 网格如图 3.16 所示, 当 e 从 0 变化到 4.5 时, 选定点的挠度的数值结果见表 4.5. 我们可以看出, I 型三角剖分样条单元在此例中也能得出精度较高且稳定的结果.

表 4.5 剪切敏度问题中当 e 变化时选定点的挠度(图 3.16)

v_A	$e=0$	$e=1$	$e=2$	$e=3$	$e=4$	$e=4.5$	精确解[8]
L8-IA	98.30	94.47	90.72	88.43	86.00	84.14	102.60
L8-IB	98.30	95.10	91.66	89.08	85.83	83.76	102.60
L12-IA	102.60	102.60	102.59	102.59	102.59	102.59	102.60
L12-IB	102.59	102.58	102.57	102.57	102.58	102.59	102.60
L17-I	102.60	102.61	102.61	102.62	102.61	102.62	102.60

例 4.6   MacNeal 薄梁问题.

与例 3.6 相同, 考虑如图 3.17 所示的三种网格. 两种载荷对应的梁端部的挠度计算结果列于表 4.6.

表 4.6   MacNeal 薄梁端部挠度(图 3.17)

载荷	单元	网格 (a)	网格 (b)	网格 (c)	精确解[8]
M	L12-IA	0.2686	0.2687	0.2689	0.2700
P	L12-IA	0.1073	0.1073	0.1074	0.1081

4.5   本 章 小 结

本章基于三角形面积坐标和 B 网方法, 在四边形的 I 型三角剖分上, 构造了四边形单元 L8-IA, L8-IB, L12-IA, L12-IB 和 L17-I. 它们有如下的性质:

(1) 满足单位分解性和节点插值性;

(2) 在直角坐标系下分别有 2, 3, 4 阶完备性, 并对网格畸变不敏感;

(3) L12-IA, L12-IB 和 L17-I 单元的应力在单元内是连续的;

(4) 没有区域变换, 无需 Jacobi 逆矩阵的计算, 单元刚度矩阵可根据 B 网系数精确计算;

(5) 适用于凸和非凸的四边形单元.

数值计算结果也显示了这族样条单元比相同节点的 Serendipity 型等参单元族性能更优, 而且在节点数更少的情况下计算结果与 Lagrange 型等参单元族相当. 与 II 型三角剖分的样条单元相比, I 型三角剖分的样条单元减少剖分和内部域点, 可以降低计算成本.

第 5 章　多边形单元

在二维有限元方法中, 除了常用的三角形单元、矩形单元和四边形单元, 很多时候也需要使用多边形单元. 例如, 采用多边形单元可以有效地模拟材料的力学性能, 更适用于多晶体材料的建模. 此外, 采用多边形单元能增加网格剖分的灵活性, 便于处理几何形状复杂的不规则区域, 为工程实际应用提供很有价值的方法. 因此, 多边形单元也越来越多地被应用于有限元方法[24-26].

对于多边形单元, 构造形状函数的方法与传统的三角形或四边形单元有很大区别. 1975 年 Wachspress 首先提出了多边形单元的有理插值基函数[28], Floater 对凸和凹的多边形提出了均值坐标方法[29], 此外还有自然邻点的 Laplace 插值函数[30] 以及基于多边形的光滑有限元方法[31]. 1997 年, Song 和 Wolf 提出了比例边界有限元方法[32,33], 是一种基于任意多边形单元构造的半离散半解析的数值方法.

多边形单元有一种特殊的退化情形, 是指有多个相邻的顶点共线. 例如, 在基于四边形网格的自适应有限元计算中, 对某个四边形单元进行局部细分为四个小四边形单元, 会使其相邻的四边形单元边中出现悬节点. 对于常规的四边形单元, 悬节点的出现, 会破坏单元之间的协调性, 需要对网格进行修正或者增加一些额外的计算[1,2]. 包含悬节点的四边形单元可看成出现退化或者奇异的多边形单元, 因此构造允许退化情况的多边形单元也有助于处理具有悬节点的四边形网格.

本章将构造四边形样条单元的方法推广到构造多边形样条单元上. 在任意多边形内选取一点 (通常可选为重心), 将其与多边形的各顶点相连接, 使得各连线位于多边形内, 把多边形细分为多个三角形子单元. 在每个子三角形单元上应用三角形面积坐标和 B 网方法, 适当选取子三角形单元间的连续性条件, 消去内部自由度, 从而得到多边形单元的样条插值基函数. 并且, 从数学上证明它对直角坐标具有 2 阶完备性. 与其他已有的多边形单元相比, 样条插值基函数为分片 2 次多项式函数, 无需区域变换, 在单元刚度矩阵的计算中可根据三角形面积坐标和 B 网方法精确计算导数和积分, 因此样条插值基函数有计算简便、精度高的优点.

5.1　允许 1-irregular 退化的平面多边形样条单元

如图 5.1 所示, 考虑任一个由 n $(\geqslant 3)$ 个顶点表示的多边形单元 $D \subset \mathbb{R}^2$. 第 i 个顶点记为 P_i, 它的直角坐标为 (x_i, y_i), $i = 1, \cdots, n$. 各边中点记为 $P_{n+1}, \cdots, P_{2n}$,

$$P_{n+i} = (P_i + P_{i+1})/2, \quad i = 1, \cdots, n-1,$$

$$P_{2n} = (P_n + P_1)/2. \tag{5.1}$$

称一个多边形是奇异的, 如果有两个顶点重合或三个相邻顶点共线. 如果最多只有三个相邻顶点共线, 或者多边形的每条边上最多有一个悬节点, 称为 1-irregular 退化. 如图 5.1 所示, 多边形单元 D 可以是非凸的 (图 5.1(a)), 或具有 1-irregular 退化的情形 (图 5.1(b)).

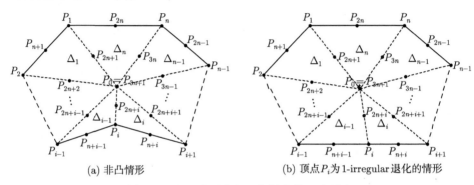

(a) 非凸情形   (b) 顶点 P_i 为 1-irregular 退化的情形

图 5.1   对 n 边形进行三角剖分的 2 次域点

选择一个内点 $P_0 \in D$, 使得 P_0 和各个顶点 P_i 的连线在多边形内, 把多边形细分为 n 个三角形 $\Delta_1, \cdots, \Delta_n$. 这里选择 P_0 为 D 的重心:

$$P_0 = (P_1 + \cdots + P_n)/n. \tag{5.2}$$

由 B 网方法, 2 次多项式在每个三角形上有 6 个域点, 因此, 多边形内共有 $3n+1$ 个域点. 所有的域点记为 $P_1, \cdots, P_{3n+1} = P_0$, 如图 5.1 所示, 其中

$$P_{2n+i} = (P_0 + P_i)/2, \quad i = 1, 2, \cdots, n. \tag{5.3}$$

记各域点对应的 B 网系数为 $b_1, \cdots, b_{3n+1}$. 因此, 在多边形单元 D 上的任一个 2 次样条函数 $S(x, y)$, 即分片 2 次多项式函数, 可由这 $3n+1$ 个 B 网系数 $b_1, \cdots, b_{3n+1}$ 唯一确定. 例如, 由关系式 (2.12), 样条函数 $S(x, y)$ 在各域点处的函数值与其 B 网系数之间有如下等价关系

$$\begin{cases} S(P_i) = b_i, & i = 1, 2, \cdots, n, \\ S(P_{n+i}) = (b_i + 2b_{n+i} + b_{i+1})/4, & i = 1, 2, \cdots, n-1, \\ S(P_{2n}) = (b_n + 2b_{2n} + b_1)/4, \\ S(P_{2n+i}) = (b_i + 2b_{2n+i} + b_{3n+1})/4, & i = 1, 2, \cdots, n, \\ S(P_{3n+1}) = b_{3n+1}. \end{cases} \tag{5.4}$$

即 $S(x, y)$ 在每个小三角形顶点的函数值等于该域点对应的 B 网系数, 在各边中点的函数值由两个顶点和边中点对应的 3 个 B 网系数线性组合得到. 而且, 由 Bernstein 基函数的性质, 可知多边形单元上的多个样条函数的线性无关性等价于它们的 B 网系数组成的向量之间的线性无关性.

下面介绍如何构造对应边界 $2n$ 个插值节点 (域点) 的样条基函数的 B 网系数, 等价于从 $3n+1$ 个 B 网系数中选出前 $2n$ 个作为自由度, 并使得它们确定的 $2n$ 个样条基函数插值于边界的 $2n$ 个域点.

为了消去多边形内部域点对应的 $n+1$ 个 B 网系数的自由度, 选择满足下面三个条件的样条函数:

(1) 对于非奇异多边形, 每个样条函数在 n 个顶点 $P_1, \cdots, P_n$ 处 C^1 连续;

(2) 对于 1-irregular 退化顶点 (如 P_i), 每个样条函数在该顶点与 P_0 连线中点的域点 P_{2n+i} 处 C^1 连续;

(3) 每个样条函数的最后一个 B 网系数满足与域点 $P_{3n+1}(= P_0)$ 公式 (5.2) 一致的关系, 即

$$b_{3n+1} = (b_{2n+1} + \cdots + b_{3n})/n. \tag{5.5}$$

根据 B 网方法的 C^1 连续条件, 条件 (1) 等价于如下线性方程组[34]:

$$\begin{vmatrix} 1 & x_1 & y_1 & b_1 \\ 1 & x_{2n} & y_{2n} & b_{2n} \\ 1 & x_{n+1} & y_{n+1} & b_{n+1} \\ 1 & x_{2n+1} & y_{2n+1} & b_{2n+1} \end{vmatrix} = 0, \quad \begin{vmatrix} 1 & x_i & y_i & b_i \\ 1 & x_{n+i-1} & y_{n+i-1} & b_{n+i-1} \\ 1 & x_{n+i} & y_{n+i} & b_{n+i} \\ 1 & x_{2n+i} & y_{2n+i} & b_{2n+i} \end{vmatrix} = 0,$$

$$i = 2, 3, \cdots, n. \tag{5.6}$$

显然, 式 (5.5) 和式 (5.6) 中 $n+1$ 个线性方程是线性无关的. 选取前 $2n$ 个 B 网系数作为基础解系, 求解这些线性方程即可得到 $2n$ 个样条基函数.

$$(b_1, \cdots, b_{2n}) = \boldsymbol{e}_i, \quad i = 1, 2, \cdots, 2n, \tag{5.7}$$

其中 $\boldsymbol{e}_i$ 是 $2n$ 阶单位矩阵的第 i 个列向量.

记

$$\mathrm{Det}(i, j, k) = \begin{vmatrix} 1 & x_i & y_i \\ 1 & x_j & y_j \\ 1 & x_k & y_k \end{vmatrix},$$

并记第 i 个样条基函数 $L_i(x, y)$ 的 B 网系数向量为 $\boldsymbol{L}_i = (b_1^i, \cdots, b_{3n+1}^i)^{\mathrm{T}}$, $i = 1, 2, \cdots, 2n$.

对应顶点的基函数的 B 网系数向量 $\boldsymbol{L}_i$ $(i = 1, 2, \cdots, n)$:

(1) $\{b_1^1, \cdots, b_{2n}^1\} = e_1$, $b_{2n+1}^1 = \dfrac{\mathrm{Det}(2n+1, 2n, n+1)}{\mathrm{Det}(1, 2n, n+1)}$, $b_{2n+j}^1 = 0$, $j = 2, \cdots, n$, $b_{3n+1}^1 = b_{2n+1}^1/n$.

(2) $\{b_1^i, \cdots, b_{2n}^i\} = e_i$, $b_{2n+j}^i = 0$, $j = 1, \cdots, i-1, i+1, \cdots, n$, $b_{2n+i}^i = \dfrac{\mathrm{Det}(2n+i, n+i-1, n+i)}{\mathrm{Det}(i, n+i-1, n+i)}$, $b_{3n+1}^i = b_{2n+i}^i/n$, $i = 2, \cdots, n$.

对应边中点的基函数的 B 网系数向量 $\boldsymbol{L}_{n+i}$ $(i = 1, 2, \cdots, n)$:

(1) $\{b_1^{n+1}, \cdots, b_{2n}^{n+1}\} = e_{n+1}$, $b_{2n+1}^{n+1} = \dfrac{\mathrm{Det}(2n+1, 1, 2n)}{\mathrm{Det}(n+1, 1, 2n)}$, $b_{2n+2}^{n+1} = \dfrac{\mathrm{Det}(2n+2, 2, n+2)}{\mathrm{Det}(n+1, 2, n+2)}$, $b_{2n+j}^{n+1} = 0$, $j = 3, \cdots, n$, $b_{3n+1}^{n+1} = (b_{2n+1}^{n+1} + b_{2n+2}^{n+1})/n$.

(2) $\{b_1^{n+i}, \cdots, b_{2n}^{n+i}\} = e_{n+i}$, $b_{2n+j}^{n+i} = 0$, $j = 1, \cdots, i-1, i+2, \cdots, n$, $b_{2n+i}^{n+i} = \dfrac{\mathrm{Det}(2n+i, n+i-1, i)}{\mathrm{Det}(n+i, n+i-1, i)}$, $b_{2n+i+1}^{n+i} = \dfrac{\mathrm{Det}(2n+i+1, i+1, n+i+1)}{\mathrm{Det}(n+i, i+1, n+i+1)}$, $b_{3n+1}^{n+i} = (b_{2n+i}^{n+i} + b_{2n+i+1}^{n+i})/n$, $i = 2, \cdots, n-1$.

(3) $\{b_1^{2n}, \cdots, b_{2n}^{2n}\} = e_{2n}$, $b_{2n+1}^{2n} = \dfrac{\mathrm{Det}(2n+1, 1, n+1)}{\mathrm{Det}(2n, 1, n+1)}$, $b_{2n+j}^{2n} = 0$, $j = 2, \cdots, n-1$, $b_{3n}^{2n} = \dfrac{\mathrm{Det}(3n, 2n-1, n)}{\mathrm{Det}(2n, 2n-1, n)}$, $b_{3n+1}^{2n} = (b_{2n+1}^{2n} + b_{3n}^{2n})/n$.

显然, 对于非奇异的多边形 D, 任意相邻三个顶点不共线, 因此上述公式中的分母都不为 0.

而当出现 1-irregular 退化顶点时, 例如 P_i, 则在域点 P_{2n+i} 处的 C^1 连续条件为

$$b_{2n+i}^j = b_{2n+i-1}^j \frac{|P_i P_{i+1}|}{|P_{i-1} P_{i+1}|} + b_{2n+i+1}^j \frac{|P_{i-1} P_i|}{|P_{i-1} P_{i+1}|}, \quad j = 1, 2, \cdots, 2n, \tag{5.8}$$

即每个基函数在域点 P_{2n+i} 处的 B 网系数由其在相邻域点 P_{2n+i-1} 和 P_{2n+i+1} 的两个 B 网系数线性插值得到.

由此, 对非奇异多边形或者具有 1-irregular 退化顶点的多边形单元, 将上面各式得到的 $2n$ 个线性无关的 B 网系数向量组成以下矩阵:

$$(\boldsymbol{L}_1, \boldsymbol{L}_2, \cdots, \boldsymbol{L}_{2n})^{\mathrm{T}} = \begin{bmatrix} \boldsymbol{I}_n & \boldsymbol{O} & \boldsymbol{C}_1 \\ \boldsymbol{O} & \boldsymbol{I}_n & \boldsymbol{C}_2 \end{bmatrix}_{2n \times (3n+1)}, \tag{5.9}$$

其中 $\boldsymbol{I}_n$ 是 $n \times n$ 的单位矩阵, $\boldsymbol{C}_1$ 和 $\boldsymbol{C}_2$ 是两个 $n \times (n+1)$ 的子矩阵,

$$C_1 = \begin{bmatrix} b_{2n+1}^1 & 0 & & & b_{2n+1}^1/n \\ 0 & b_{2n+2}^2 & \ddots & & b_{2n+2}^2/n \\ & \ddots & \ddots & 0 & \vdots \\ & & 0 & b_{3n}^n & b_{3n}^n/n \end{bmatrix},$$

$$C_2 = \begin{bmatrix} b_{2n+1}^{n+1} & b_{2n+2}^{n+1} & 0 & & (b_{2n+1}^{n+1}+b_{2n+2}^{n+1})/n \\ 0 & b_{2n+2}^{n+2} & b_{2n+3}^{n+2} & \ddots & (b_{2n+2}^{n+2}+b_{2n+3}^{n+2})/n \\ \vdots & \ddots & \ddots & \ddots & 0 & \vdots \\ b_{2n+1}^{2n} & \cdots & & 0 & 0 & b_{3n}^{2n} & (b_{2n+1}^{2n}+b_{3n}^{2n})/n \end{bmatrix}.$$

由于这组基函数 $L_1(x,y),\cdots,L_{2n}(x,y)$ 还不是插值基函数, 再根据函数值与 B 网系数之间的关系式 (5.4), 即通过如下线性变换, 可得到一组插值于前 $2n$ 个节点 $P_i=(x_i,y_i)$ $(i=1,2,\cdots,2n)$ 的基函数, 记为 $N_i(x,y)$, 它们的 B 网系数分别为: $\boldsymbol{N}_i$ $(i=1,2,\cdots,2n)$,

$$\boldsymbol{N}_1 = \boldsymbol{L}_1 - \frac{1}{2}\boldsymbol{L}_{n+1} - \frac{1}{2}\boldsymbol{L}_{2n},$$

$$\boldsymbol{N}_i = \boldsymbol{L}_i - \frac{1}{2}\boldsymbol{L}_{n+i-1} - \frac{1}{2}\boldsymbol{L}_{n+i}, \quad i = 2,\cdots,n, \tag{5.10}$$

$$\boldsymbol{N}_i = 2\boldsymbol{L}_i, \quad i = n+1,\cdots,2n.$$

容易验证这 $2n$ 个样条基函数满足单位分解性和插值性:

$$\sum_{i=1}^{2n} N_i \equiv 1, \quad N_i(P_j) = \delta_{i,j}, \quad i,j = 1,2,\cdots,2n, \tag{5.11}$$

其中 $P_1,\cdots,P_{2n}$ 为如图 5.1 所示的节点.

以 $N_1(x,y),\cdots,N_{2n}(x,y)$ 为插值基函数的多边形单元记为 PS2, 由单元的插值性质 (5.11), 两个相邻多边形单元退化到公共边界上只和该边界的函数值有关, 所以相邻单元在公共边界上是 C^0 连续的, 自然满足协调性. 而且, 下述定理表明这组样条插值基函数在直角坐标系中有 2 阶完备性, 定理可由 B 网表示多项式的性质直接验证, 这里省略证明.

定理 5.1 设 $D \subset \mathbb{R}^2$ 是一个允许非凸或者 1-irregular 退化顶点的多边形单元, P_0 是 D 的重心, 满足每条边 $\overline{P_0P_i} \subset D$. $N_1(x,y),\cdots,N_{2n}(x,y)$ 是由式 (5.9) 和式 (5.10) 定义的 B 网系数对应的样条插值基函数, 定义如下插值算子:

$$(Nf)(x,y) := \sum_{i=1}^{2n} f(x_i,y_i)N_i(x,y), \tag{5.12}$$

则对所有的 $f \in \mathbb{P}_2$, 有

$$(Nf)(x,y) \equiv f(x,y), \quad (x,y) \in D.$$

由前面的介绍, 对于给定的一个多边形单元 D, 将其 n 个顶点的坐标 $P_i = (x_i, y_i)$ 代入式 (5.9) 和式 (5.10) 即可得到 $2n$ 个样条插值基函数 $N_1(x,y), \cdots, N_{2n}(x,y)$ 的 B 网系数向量. 因为可以根据这些 B 网系数直接计算单元刚度矩阵 (与四边形单元类似), 无需将 B 网系数转化为各个基函数在直角坐标 (x,y) 下的表达式.

5.2　数　值　算　例

在这一节中, 用一些平面弹性问题的算例来测试多边形样条单元 PS2 的性能.

例 5.1　分片检验.

图 5.2 为一被任意网格划分的小片. 它包括 $4, 5, 6, 7$ 边形单元, 并且其中有两个单元是非凸的. 对任意给定的 2 次位移场:

$$\begin{cases} u = a_0 + a_1 x + a_2 y + a_3 x^2 + a_4 xy + a_5 y^2, \\ v = b_0 + b_1 x + b_2 y + b_3 x^2 + b_4 xy + b_5 y^2, \end{cases} \tag{5.13}$$

其中系数 $a_0, b_0, \cdots, a_5, b_5$ 可由应力平衡条件得出如下关系式:

$$\begin{cases} a_3 = \dfrac{-1+\mu}{2} a_5 - \dfrac{1+\mu}{4} b_4, \\ b_5 = \dfrac{-1-\mu}{4} a_4 - \dfrac{1-\mu}{2} b_3. \end{cases} \tag{5.14}$$

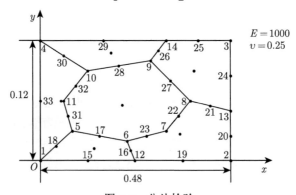

图 5.2　分片检验

不失一般性, 选择如下的 2 次位移场:

$$\begin{cases} u = \dfrac{1}{4} + x + 3y - 2x^2 - 4xy + \dfrac{5}{2} y^2, \\ v = 1 + \dfrac{1}{2} x + 2y - \dfrac{2}{3} x^2 + \dfrac{17}{5} xy + \dfrac{3}{2} y^2. \end{cases} \tag{5.15}$$

通过计算, PS2 总是精确地满足给定的位移场, 见表 5.1. 这表明, PS2 通过分片检验, 对凸或非凸的单元在直角坐标系中都有 2 阶完备性.

表 5.1 分片检验的结果(图 5.1)

节点	坐标		位移		精确解	
	x_i	y_i	u_i	v_i	u_i	v_i
5	0.04	0.03	0.3743	1.0844	0.3743	1.0844
6	0.11	0.02	0.3880	1.0950	0.3880	1.0950
7	0.16	0.03	0.4319	1.1406	0.4319	1.1406
8	0.19	0.06	0.5112	1.2351	0.5112	1.2351
9	0.14	0.10	0.6198	1.3195	0.6198	1.3195
10	0.06	0.09	0.5715	1.2381	0.5715	1.2381
11	0.03	0.06	0.4600	1.1459	0.4600	1.1459
17	0.075	0.025	0.3828	1.0911	0.3828	1.0911
22	0.175	0.045	0.4723	1.1869	0.4723	1.1869
23	0.135	0.025	0.4116	1.1178	0.4116	1.1178
27	0.165	0.08	0.5638	1.2788	0.5638	1.2788
28	0.10	0.095	0.5996	1.2792	0.5996	1.2792
31	0.035	0.045	0.4163	1.1151	0.4163	1.1151
32	0.045	0.075	0.5165	1.1911	0.5165	1.1911

例 5.2 悬臂梁的纯弯问题.

网格剖分如图 5.3 所示, 其中 $L = 100$, $c = 10$. 通过计算, PS2 单元总是可以精确地得到如下的 2 次位移场[4]:

$$\begin{cases} u = \left(\dfrac{240}{c} xy - 120x \right) \Big/ E, \\ v = \left(-\dfrac{120}{c} x^2 - \dfrac{36}{c} y^2 + 36y \right) \Big/ E. \end{cases} \tag{5.16}$$

一个选定点的挠度的数值结果见表 5.2.

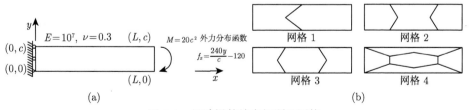

图 5.3 悬臂梁的纯弯问题及网格

表 5.2 悬臂梁的纯弯问题选定点数值计算结果(图 5.3)

	网格 1	网格 2	网格 3	网格 4	精确解
$v(100,0) \times 10^3$	−12.00	−12.00	−12.00	−12.00	−12.00

例 5.3　悬臂梁受抛物线作用力.

悬臂梁的长度为 L (= 48), 高度为 D (= 12), 在自由端受抛物线作用力如图 5.4(a) 所示[31]. 梁的厚度假设为单位厚度, 这样可以作为平面应力问题来计算. 这个问题的解析解可以在 Timoshenko 和 Goodier 的教材中找到[35].

$$
\begin{cases}
u = \dfrac{Py}{6EI}\left[(6L-3x)x + (2+\nu)\left(y^2 - \dfrac{D^2}{4}\right)\right], \\[2mm]
v = -\dfrac{P}{6EI}\left[3\nu y^2(L-x) + (4+5\nu)\dfrac{D^2 x}{4} + (3L-x)x^2\right],
\end{cases}
\tag{5.17}
$$

其中梁的惯矩是 $I = D^3/12$. 相应于位移式 (5.17) 的应力是

$$
\begin{cases}
\sigma_x = \dfrac{P(L-x)y}{I}, \\[2mm]
\sigma_y = 0, \\[2mm]
\tau_{xy} = -\dfrac{P}{2I}\left(\dfrac{D^2}{4} - y^2\right).
\end{cases}
\tag{5.18}
$$

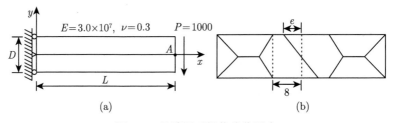

(a)　　　　　　　　　　　　　　　　　(b)

图 5.4　悬臂梁受抛物线作用力

网格如图 5.4(b) 所示, e 从 0 变化到 7.9. 在计算中, 左边界的节点值由式 (5.17) 给出的精确位移值约束, 右端边界的载荷使用式 (5.18) 给出的精确 2 次剪应力. 点 $A\,(L,0)$ 的竖直方向的挠度由式 (5.17) 计算出的精确结果为 -0.0089. 当 e 变化时, 用 PS2 单元求出的近似解和相对误差见表 5.3. 结果显示了 PS2 具有很高的精度, 对网格畸变不敏感.

表 5.3　**悬壁梁的点 A 的挠度和当 e 变化时的相对误差**(图 5.4)

e	0	2	4	6	7.9
$v_A \times 10^{-3}$	-8.896	-8.898	-8.901	-8.898	-8.893
相对误差	4.02E-4	1.85E-4	8.32E-5	2.45E-4	8.13E-4

例 5.4　带圆孔的无限大板问题.

图 5.5(a) 表示了一个中间有圆孔的无限大板在 x 轴方向无限远处受到单向拉力 $1.0\,\mathrm{N/m}$. 由于对称性, 只考虑右上方的 1/4 板. 图 5.5(b) 给出了用 12×12 的

四边形网格对 1/4 板离散化. 这是一个平面应变问题, 并且 $E = 1.0 \times 10^3 \mathrm{N/m^2}$, $\nu = 0.3$. 对称条件加在左边和底边, 孔的内边界是自由的. 应力的解析解为[35]

$$
\begin{cases}
\sigma_x = 1 - \dfrac{a^2}{r^2}\left[\dfrac{3}{2}\cos 2\theta + \cos 4\theta\right] + \dfrac{3a^4}{2r^4}\cos 4\theta, \\[2mm]
\sigma_y = -\dfrac{a^2}{r^2}\left[\dfrac{1}{2}\cos 2\theta - \cos 4\theta\right] - \dfrac{3a^4}{2r^4}\cos 4\theta, \\[2mm]
\tau_{xy} = -\dfrac{a^2}{r^2}\left[\dfrac{1}{2}\sin 2\theta + \sin 4\theta\right] + \dfrac{3a^4}{2r^4}\sin 4\theta.
\end{cases}
\tag{5.19}
$$

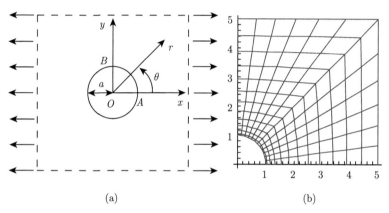

$$\text{(a)} \qquad\qquad \text{(b)}$$

图 5.5　(a) 带孔的无限大板; (b) 用 12×12 的四边形网格离散化

其中 (r, θ) 是极坐标, θ 是从 x 轴正向逆时针方向测量的. 施加在右边界 ($x = 5$) 和上边界 ($y = 5$) 的应力边界条件为式 (5.19) 给出的应力的解析解. 相应于应力的位移解为

$$
\begin{cases}
u = \dfrac{a}{8\mu}\left[\dfrac{r}{a}(\kappa+1)\cos\theta + \dfrac{2a}{r}((1+\kappa)\cos\theta + \cos 3\theta) - \dfrac{2a^3}{r^3}\cos 3\theta\right], \\[2mm]
v = \dfrac{a}{8\mu}\left[\dfrac{r}{a}(\kappa-3)\sin\theta + \dfrac{2a}{r}((1-\kappa)\sin\theta + \sin 3\theta) - \dfrac{2a^3}{r^3}\sin 3\theta\right],
\end{cases}
\tag{5.20}
$$

其中 $\mu = E/(2(1+\nu))$, 平面应力问题中, κ 由 Poisson 的比值表示为 $\kappa = \dfrac{3-\nu}{1+\nu}$.

　　表 5.4 显示了在四边形网格上应用 PS2 单元, 分别用 $4 \times 4, 8 \times 8$ 和 12×12 网络, 计算在点 A 和点 B 的数值结果. 其中 "NodN" 表示相应网格的节点数量, 当网格加密时精度也相应提高. 图 5.6 和图 5.7 显示了用网格 12×12 计算出的位移值 (点) 和应力值 (点) 与解析解 (线) 有很好的逼近性.

表 5.4   带孔的无限大板问题中点 **A** 和点 **B** 的数值结果(图 5.5(a))

网格	$u(A) \times 10^{-3}$	$v(B) \times 10^{-3}$	$\sigma_y(A)$	$\sigma_x(B)$	NodN
4×4	2.917	-0.950	-1.025	3.095	65
8×8	2.985	-0.993	-1.026	3.044	225
12×12	2.994	-0.998	-1.013	3.021	481
精确解	3.00	-1.00	-1.00	3.00	

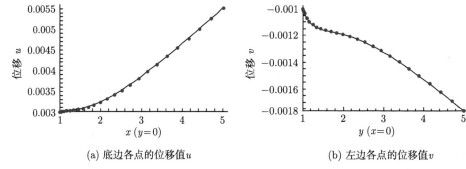

(a) 底边各点的位移值u (b) 左边各点的位移值v

图 5.6   带孔的无限大板的位移计算结果和精确值 (网格 12×12)

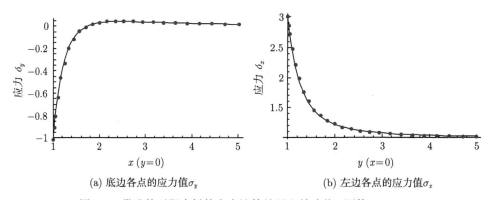

(a) 底边各点的应力值σ_y (b) 左边各点的应力值σ_x

图 5.7   带孔的无限大板的应力计算结果和精确值 (网格 12×12)

例 5.5   不可压缩问题.

第 2 章已给出了弹性力学问题有限元方法的一般格式. 它的求解方程是

$$Kq = P,$$

其中

$$K = \sum_e K^e = \sum_e \int_{\Omega^e} B^{\mathrm{T}} DB \mathrm{d}v. \tag{5.21}$$

式 (5.21) 中弹性刚度矩阵 $\boldsymbol{D}$, 对于三维问题、平面应变问题、轴对称问题, 都包含因子 D_0,

$$D_0 = \frac{E(1-\nu)}{(1+\nu)(1-2\nu)}.$$

如果材料是不可 (或接近不可) 压缩的, 意味着 $\nu \to 0.5$, 则 $D_0 \to \infty$, 亦即 $\boldsymbol{K} \to \infty$. 这样一来, 分析无法进行. 克服此困难的方法有约束变分原理中的罚函数法和 Lagrange 乘子法 (以及基于它的弹性力学广义变分原理). 下面利用构造的单元, 在不改变变分原理的条件下, 直接求解不可压缩问题.

图 5.8 显示了一个悬臂梁[36], 在自由端中心受一拉力 $Q = 0.5$. 这考虑为一个平面应变问题. Young 模量 E 由 Poisson 比定义为

$$E(\nu) = \frac{(1-\nu^2)L^3}{2c^3} \left(\frac{c^2}{2L^2} \left(4 + 5\frac{\nu}{1-\nu} \right) + 1 \right).$$

点 A 的竖直方向的位移的解析值为 $v_A = 1$. 用各种不同的 Poisson 比对单元性能进行测试. 数值结果见表 5.5 所示, 单元 PS2 对不可压缩问题可以得到较精确的解答 ($\nu \to 0.5$).

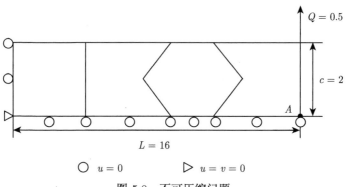

图 5.8   不可压缩问题

表 5.5   悬臂梁不可压缩问题中 Poisson 比 ν 不同时点 A 处的挠度 v_A (图 5.8)

ν	0.25	0.49	0.499	0.499999	0.49999999
v_A	1.0029	1.0028	0.9941	0.9899	0.9899

5.3   本 章 小 结

基于三角形面积坐标和 B 网方法, 本章构造了一个协调的多边形单元 PS2, 它有如下的性质:

(1) 满足单位分解性和节点插值性;

(2) 在直角坐标系下有 2 阶完备性, 对网格畸变不敏感;

(3) 适用于凸和非凸, 以及含有 1-irregular 退化顶点的多边形单元;

(4) 由于没有坐标变换和区域变换, 因此无需 Jacobi 逆矩阵的计算.

数值计算结果也显示了样条单元 PS2 有很好的精度, 而且 PS2 单元可以用于求解不可压缩问题, 包含 Poisson 比范围为 $0.25 \sim 0.49999999$ 的问题.

第6章 三维单元

在弹性力学问题中, 三维问题更具一般性. 在实际工程应用和结构分析中, 大量的问题都可归结为三维问题的计算和分析. 三维单元可能具有的几何形状比二维单元更多, 例如, 在第 1 章中介绍的四面体、六面体和三棱柱单元. 此外, 为了对任意三维结构实现完全的自动网格生成, 有时使用金字塔单元是不可避免的. 对六面体单元引入一些退化条件, 可以退化为金字塔单元.

如第 1 章指出, 对于不规则的三维单元, 难以构造多项式插值基函数, 需要采用等参变换. 但三维 Serendipity 型等参单元也具有完备阶降低和计算精度对网格畸变敏感的缺点. 例如, 六面体 8 节点和 20 节点的 Serendipity 型等参单元在规则的网格下, 它们的完备阶分别为 1 次和 2 次, 但在不规则网格下, 等参坐标与整体坐标之间并不具有线性关系, 二者的完备阶只有 1 次. 这使得 Serendipity 型等参单元受网格畸变影响较大. 当网格畸变或扭曲时, 往往得不到满意的结果.

本章将前面利用样条 B 网方法构造平面四边形和多边形的思想推广到构造三维空间的各类样条单元, 包括六面体、金字塔和三棱柱单元. 基本思想是, 对三维单元进行四面体剖分, 通过选择适当的连续性条件消去单元内部域点对应 B 网系数的自由度, 得到插值与边界节点的 Serendipity 型样条插值基函数.

6.1 四面体上的 B 网方法

令 P 是四面体 $\triangle P_1 P_2 P_3 P_4$ 内的任意一点, 它们的直角坐标分别为 $P_1 = (x_1, y_1, z_1), P_2 = (x_2, y_2, z_2), P_3 = (x_3, y_3, z_3), P_4 = (x_4, y_4, z_4)$ 和 $P = (x, y, z)$. 令 V, V_1, V_2, V_3, V_4 为五个四面体 $\triangle P_1 P_2 P_3 P_4$, $\triangle P P_2 P_3 P_4$, $\triangle P P_3 P_4 P_1$, $\triangle P P_4 P_1 P_2$, $\triangle P P_1 P_2 P_3$ 的体积, 则

$$V = \frac{1}{6} \begin{vmatrix} 1 & x_1 & y_1 & z_1 \\ 1 & x_2 & y_2 & z_2 \\ 1 & x_3 & y_3 & z_3 \\ 1 & x_4 & y_4 & z_4 \end{vmatrix}, \quad V_1 = \frac{1}{6} \begin{vmatrix} 1 & x & y & z \\ 1 & x_2 & y_2 & z_2 \\ 1 & x_3 & y_3 & z_3 \\ 1 & x_4 & y_4 & z_4 \end{vmatrix}, \quad V_2 = \frac{1}{6} \begin{vmatrix} 1 & x & y & z \\ 1 & x_3 & y_3 & z_3 \\ 1 & x_4 & y_4 & z_4 \\ 1 & x_1 & y_1 & z_1 \end{vmatrix},$$

$$V_3 = \frac{1}{6} \begin{vmatrix} 1 & x & y & z \\ 1 & x_4 & y_4 & z_4 \\ 1 & x_1 & y_1 & z_1 \\ 1 & x_2 & y_2 & z_2 \end{vmatrix}, \quad V_4 = \frac{1}{6} \begin{vmatrix} 1 & x & y & z \\ 1 & x_1 & y_1 & z_1 \\ 1 & x_2 & y_2 & z_2 \\ 1 & x_3 & y_3 & z_3 \end{vmatrix}. \tag{6.1}$$

P 点的重心坐标（体积坐标）为 $(\lambda_1, \lambda_2, \lambda_3, \lambda_4)$,

$$\begin{cases} \lambda_1 = \dfrac{V_1}{V} = \dfrac{1}{6V}(\alpha_1 + \beta_1 x + \gamma_1 y + \delta_1 z), \\[2mm] \lambda_2 = \dfrac{V_2}{V} = \dfrac{1}{6V}(\alpha_2 + \beta_2 x + \gamma_2 y + \delta_2 z), \\[2mm] \lambda_3 = \dfrac{V_3}{V} = \dfrac{1}{6V}(\alpha_3 + \beta_3 x + \gamma_3 y + \delta_3 z), \\[2mm] \lambda_4 = \dfrac{V_4}{V} = \dfrac{1}{6V}(\alpha_4 + \beta_4 x + \gamma_4 y + \delta_4 z), \end{cases} \tag{6.2}$$

其中

$$\alpha_1 = \begin{vmatrix} x_2 & y_2 & z_2 \\ x_3 & y_3 & z_3 \\ x_4 & y_4 & z_4 \end{vmatrix}, \quad \beta_1 = - \begin{vmatrix} 1 & y_2 & z_2 \\ 1 & y_3 & z_3 \\ 1 & y_4 & z_4 \end{vmatrix},$$

$$\gamma_1 = \begin{vmatrix} 1 & x_2 & z_2 \\ 1 & x_3 & z_3 \\ 1 & x_4 & z_4 \end{vmatrix}, \quad \delta_1 = - \begin{vmatrix} 1 & x_2 & y_2 \\ 1 & x_3 & y_3 \\ 1 & x_4 & y_4 \end{vmatrix}. \tag{6.3}$$

其他的系数可以类似得到.

直角坐标 (x, y, z) 和重心坐标 $(\lambda_1, \lambda_2, \lambda_3, \lambda_4)$ 的关系为

$$\begin{cases} x = x_1\lambda_1 + x_2\lambda_2 + x_3\lambda_3 + x_4\lambda_4, \\ y = y_1\lambda_1 + y_2\lambda_2 + y_3\lambda_3 + y_4\lambda_4, \\ z = z_1\lambda_1 + z_2\lambda_2 + z_3\lambda_3 + z_4\lambda_4. \end{cases} \tag{6.4}$$

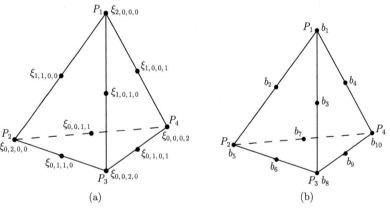

图 6.1　(a) 四面体上的 2 次 B 网域点; (b) B 网系数

四面体 $\triangle P_1P_2P_3P_4$ 上共有 $\dfrac{(n+3)(n+2)(n+1)}{6}$ 个域点 $\xi_{i,j,k,l}$, 它的重心坐标

为 $\left(\dfrac{i}{n}, \dfrac{j}{n}, \dfrac{k}{n}, \dfrac{l}{n}\right)$, 其中 $i+j+k+l=n$ (如图 6.1 当 $n=2$ 时), 这些点也是 Lagrange 插值节点. 例如, 当 $n=2$ 时, 按照一维编号把 10 个域点记为 $\xi_1, \xi_2, \cdots, \xi_{10}$. 则按此顺序, 相应的 10 个 Lagrange 插值基函数为 $L_1, L_2, \cdots, L_{10}$, 有

$$
\begin{cases}
L_1 = (2\lambda_1 - 1)\lambda_1, \\
L_2 = 4\lambda_1\lambda_2, \\
L_3 = 4\lambda_1\lambda_3, \\
L_4 = 4\lambda_1\lambda_4, \\
L_5 = (2\lambda_2 - 1)\lambda_2, \\
L_6 = 4\lambda_2\lambda_3, \\
L_7 = 4\lambda_2\lambda_4, \\
L_8 = (2\lambda_3 - 1)\lambda_3, \\
L_9 = 4\lambda_3\lambda_4, \\
L_{10} = (2\lambda_4 - 1)\lambda_4.
\end{cases}
\tag{6.5}
$$

式 (6.5) 给出的 Lagrange 插值基函数的一个重要性质是每个基函数 $\{L_i(\xi_j)\}_{i,j} = 1, 2, \cdots, 10$ 在每个节点处的函数值组成的矩阵为单位矩阵. 因此, 一个 2 次多项式 $f(\lambda_1, \lambda_2, \lambda_3, \lambda_4)$ 可以由它在 10 个域点的函数值唯一确定. 但为了更方便地考虑定义在相邻四面体上的两个多项式的连续性条件, 更好的办法是采用 Bernstein 基底.

定义在四面体 $\triangle P_1 P_2 P_3 P_4$ 上的 n 次 Bernstein 多项式为

$$
B^n_{i,j,k,l}(\lambda_1, \lambda_2, \lambda_3, \lambda_4) = \frac{n!}{i!j!k!l!} \lambda_1^i \lambda_2^j \lambda_3^k \lambda_4^l, \quad i+j+k+l=n,
$$
$$
\lambda_1, \lambda_2, \lambda_3, \lambda_4 \geqslant 0, \quad \lambda_1 + \lambda_2 + \lambda_3 + \lambda_4 = 1.
\tag{6.6}
$$

容易验证, 所有的 n 次 Bernstein 多项式是线性无关的, 它们构成了次数不超过 n 次的三维多项式空间 (也记为 $\mathbb{P}_n$) 的一组基. 并且, Bernstein 多项式满足单位分解性:

$$
\sum_{i+j+k+l=n} B^n_{i,j,k,l}(\lambda_1, \lambda_2, \lambda_3, \lambda_4) = (\lambda_1 + \lambda_2 + \lambda_3 + \lambda_4)^n = 1.
$$

由所有 n 次 Bernstein 多项式组成的行向量记为 $\boldsymbol{B}^{(n)}$. 例如

$$
\boldsymbol{B}^{(2)} = (B^2_{2,0,0,0}, \ B^2_{1,1,0,0}, \ B^2_{1,0,1,0}, \ B^2_{1,0,0,1}, \ B^2_{0,2,0,0}, \ B^2_{0,1,1,0}, \ B^2_{0,1,0,1},
$$
$$
B^2_{0,0,2,0}, \ B^2_{0,0,1,1}, \ B^2_{0,0,0,2})
$$
$$
= (\lambda_1^2, \ 2\lambda_1\lambda_2, \ 2\lambda_1\lambda_3, \ 2\lambda_1\lambda_4, \ \lambda_2^2, \ 2\lambda_2\lambda_3, \ 2\lambda_2\lambda_4, \ \lambda_3^2, \ 2\lambda_3\lambda_4, \ \lambda_4^2),
$$

由每个 Bernstein 基函数在所有域点上的函数值组成的矩阵记为 $\boldsymbol{B}_v = \{B_i(\xi_j)\}_{i,j=1,2,\cdots,10}$, 则

$$\boldsymbol{B}_v = \begin{bmatrix} 1 & \frac{1}{4} & \frac{1}{4} & \frac{1}{4} & 0 & 0 & 0 & 0 & 0 & 0 \\ 0 & \frac{1}{2} & 0 & 0 & 0 & 0 & 0 & 0 & 0 & 0 \\ 0 & 0 & \frac{1}{2} & 0 & 0 & 0 & 0 & 0 & 0 & 0 \\ 0 & 0 & 0 & \frac{1}{2} & 0 & 0 & 0 & 0 & 0 & 0 \\ 0 & \frac{1}{4} & 0 & 0 & 1 & \frac{1}{4} & \frac{1}{4} & 0 & 0 & 0 \\ 0 & 0 & 0 & 0 & 0 & \frac{1}{2} & 0 & 0 & 0 & 0 \\ 0 & 0 & 0 & 0 & 0 & 0 & \frac{1}{2} & 0 & 0 & 0 \\ 0 & 0 & \frac{1}{4} & 0 & 0 & \frac{1}{4} & 0 & 1 & \frac{1}{4} & 0 \\ 0 & 0 & 0 & 0 & 0 & 0 & 0 & 0 & \frac{1}{2} & 0 \\ 0 & 0 & 0 & \frac{1}{4} & 0 & 0 & \frac{1}{4} & 0 & \frac{1}{4} & 1 \end{bmatrix}. \tag{6.7}$$

易知, Bernstein 基函数和 Lagrange 基函数之间的线性转换为

$$(B_1, B_2, \cdots, B_{10}) = (L_1, L_2, \cdots, L_{10}) \cdot \boldsymbol{B}_v^{\mathrm{T}}. \tag{6.8}$$

与二元多项式的 B 网表示类似, 对任给的一个直角坐标系中的三元 n 次多项式,

$$p(x, y, z) = \sum_{i+j+k \leqslant n} a_{i,j,k} x^i y^j z^k, \tag{6.9}$$

通过把式 (6.4) 代入式 (6.9), 可以用 B 网方法表示为

$$p(x, y, z) = f(\lambda_1, \lambda_2, \lambda_3, \lambda_4)$$

$$= \sum_{i+j+k+l=n} b_{i,j,k,l} B_{i,j,k,l}^n(\lambda_1, \lambda_2, \lambda_3, \lambda_4) = \boldsymbol{B}^{(n)} \cdot \boldsymbol{f}_b, \tag{6.10}$$

其中 $b_{i,j,k,l}$ 称为相应于 Bernstein 基 $B_{i,j,k,l}^n$ 和域点 $\xi_{i,j,k,l}$ 的 B 网系数. $\boldsymbol{f}_b$ 是由 $b_{i,j,k,l}$ 组成的列向量, 它的排序和 $\boldsymbol{B}^{(n)}$ 中的 $B_{i,j,k,l}^n$ 一致. 例如, 一个 2 次多项式 $f(\lambda_1, \lambda_2, \lambda_3, , \lambda_4)$ 可以表示为 $f = \boldsymbol{B}^{(2)} \boldsymbol{f}_b$, 其中

$$\boldsymbol{f}_b = (b_{2,0,0,0}, b_{1,1,0,0}, b_{1,0,1,0}, b_{1,0,0,1}, b_{0,2,0,0}, b_{0,1,1,0}, b_{0,1,0,1}, b_{0,0,2,0}, b_{0,0,1,1}, b_{0,0,0,2})^{\mathrm{T}}.$$

对任给的四面体单元, 体积坐标和 Bernstein 多项式是确定的, 那么多项式是由 B 网系数唯一决定的.

对一个给定的四面体, 其体积坐标和 Bernstein 基底是确定的, 所以多项式就由它的 B 网系数唯一确定. 例如, 设 $f = \boldsymbol{B}^{(2)} \cdot \boldsymbol{f}_b = \sum_{i=1}^{10} b_i B_i$ 有

$$\begin{cases}
f(\xi_1) = b_1, \\
f(\xi_2) = (b_1 + 2b_2 + b_5)/4, \\
f(\xi_3) = (b_1 + 2b_3 + b_8)/4, \\
f(\xi_4) = (b_1 + 2b_4 + b_{10})/4, \\
f(\xi_5) = b_5, \\
f(\xi_6) = (b_5 + 2b_6 + b_8)/4, \\
f(\xi_7) = (b_5 + 2b_7 + b_{10})/4, \\
f(\xi_8) = b_8, \\
f(\xi_9) = (b_8 + 2b_9 + b_{10})/4, \\
f(\xi_{10}) = b_{10}.
\end{cases} \tag{6.11}$$

通过式 (6.8) 给出的转换矩阵, 可以得到 2 次多项式的函数值与 B 网系数之间的等价关系: $f = \sum_{i=1}^{10} f(\xi_i)L_i = \sum_{i=1}^{10} b_i B_i$,

$$\begin{cases}
(f(\xi_1), f(\xi_2), \cdots, f(\xi_{10})) = (b_1, b_2, \cdots, b_{10}) \cdot \boldsymbol{B}_v, \\
(b_1, b_2, \cdots, b_{10}) = (f(\xi_1), f(\xi_2), \cdots, f(\xi_{10})) \cdot \boldsymbol{B}_v^{-1}.
\end{cases} \tag{6.12}$$

等价地, 由 B 网方法, 可以把 10 个 Lagrange 基函数 (6.5) 用它们的 B 网系数表示, 如下矩阵 $\boldsymbol{B}_v^{-1}$ 的每一个行向量 (同样用 $L_1, L_2, \cdots, L_{10}$ 表示),

$$\begin{bmatrix} L_1 \\ L_2 \\ L_3 \\ L_4 \\ L_5 \\ L_6 \\ L_7 \\ L_8 \\ L_9 \\ L_{10} \end{bmatrix} = \begin{bmatrix}
1 & -\frac{1}{2} & -\frac{1}{2} & -\frac{1}{2} & 0 & 0 & 0 & 0 & 0 & 0 \\
0 & 2 & 0 & 0 & 0 & 0 & 0 & 0 & 0 & 0 \\
0 & 0 & 2 & 0 & 0 & 0 & 0 & 0 & 0 & 0 \\
0 & 0 & 0 & 2 & 0 & 0 & 0 & 0 & 0 & 0 \\
0 & -\frac{1}{2} & 0 & 0 & 1 & -\frac{1}{2} & -\frac{1}{2} & 0 & 0 & 0 \\
0 & 0 & 0 & 0 & 0 & 2 & 0 & 0 & 0 & 0 \\
0 & 0 & 0 & 0 & 0 & 0 & 2 & 0 & 0 & 0 \\
0 & 0 & -\frac{1}{2} & 0 & 0 & -\frac{1}{2} & 0 & 1 & -\frac{1}{2} & 0 \\
0 & 0 & 0 & 0 & 0 & 0 & 0 & 0 & 2 & 0 \\
0 & 0 & 0 & -\frac{1}{2} & 0 & 0 & -\frac{1}{2} & 0 & -\frac{1}{2} & 1
\end{bmatrix} = \boldsymbol{B}_v^{-1}. \tag{6.13}$$

与二维情况类似[20], 在三维空间中, B 网方法给多项式的计算带来了便利. 多项式的乘积、积分和导数的计算可以简化为它们的 B 网系数的计算.

(1) 两个三维多项式的乘积可以用高次的 B 网表示, 对应 B 网系数之间的运算. 例如, $g = \boldsymbol{B}^{(1)} \cdot (c_1, c_2, c_3, c_4)^{\mathrm{T}}$, $h = \boldsymbol{B}^{(1)} \cdot (d_1, d_2, d_3, d_4)^{\mathrm{T}}$, 则 $f = g \cdot h = \boldsymbol{B}^{(2)} \cdot (b_1, b_2, \cdots, b_{10})^{\mathrm{T}}$, 其中

$$
\begin{aligned}
& b_1 = c_1 d_1, \quad b_2 = (c_1 d_2 + c_2 d_1)/2, \quad b_3 = (c_1 d_3 + c_3 d_1)/2, \\
& b_4 = (c_1 d_4 + c_4 d_1)/2, \quad b_5 = c_2 d_2, \quad b_6 = (c_2 d_3 + c_3 d_2)/2, \\
& b_7 = (c_2 d_4 + c_4 d_2)/2, \quad b_8 = c_3 d_3, \quad b_9 = (c_3 d_4 + c_4 d_3)/2, \quad b_{10} = c_4 d_4.
\end{aligned}
\tag{6.14}
$$

(2) B 网表示下的多项式在四面体上的积分为其所有 B 网系数之和乘以 $\dfrac{6V}{(n+1)(n+2)(n+3)}$:

$$
\iint_{\Delta} f(\lambda_1, \lambda_2, \lambda_3, \lambda_4) \mathrm{d}v = \frac{6V \displaystyle\sum_{i+j+k+l=n} b_{i,j,k,l}}{(n+1)(n+2)(n+3)},
\tag{6.15}
$$

其中 V 表示四面体 Δ 的体积. 例如, $f = \boldsymbol{B}^{(2)} \cdot (b_1, b_2, \cdots, b_{10})^{\mathrm{T}}$, 则

$$
\iint_{\Delta} f \mathrm{d}v = \frac{V}{10}(b_1 + b_2 + \cdots + b_{10}).
$$

(3) B 网表示的求偏导运算在体积坐标下的求导公式为

$$
\begin{cases}
\dfrac{\partial f}{\partial \lambda_1} = n \displaystyle\sum_{i+j+k+l=n, i \neq 0} b_{i,j,k,l} B^{n-1}_{i-1,j,k,l}, \\[2mm]
\dfrac{\partial f}{\partial \lambda_2} = n \displaystyle\sum_{i+j+k+l=n, j \neq 0} b_{i,j,k,l} B^{n-1}_{i,j-1,k,l}, \\[2mm]
\dfrac{\partial f}{\partial \lambda_3} = n \displaystyle\sum_{i+j+k+l=n, k \neq 0} b_{i,j,k,l} B^{n-1}_{i,j,k-1,l}, \\[2mm]
\dfrac{\partial f}{\partial \lambda_4} = n \displaystyle\sum_{i+j+k+l=n, l \neq 0} b_{i,j,k,l} B^{n-1}_{i,j,k,l-1}.
\end{cases}
\tag{6.16}
$$

例如, 若 $f = \boldsymbol{B}^{(2)} \cdot (b_1, b_2, \cdots, b_{10})^{\mathrm{T}}$, 则

$$
\begin{cases}
\dfrac{\partial f}{\partial \lambda_1} = 2(b_1 \lambda_1 + b_2 \lambda_2 + b_3 \lambda_3 + b_4 \lambda_4), \\[2mm]
\dfrac{\partial f}{\partial \lambda_2} = 2(b_2 \lambda_1 + b_5 \lambda_2 + b_6 \lambda_3 + b_7 \lambda_4), \\[2mm]
\dfrac{\partial f}{\partial \lambda_3} = 2(b_3 \lambda_1 + b_6 \lambda_2 + b_8 \lambda_3 + b_9 \lambda_4), \\[2mm]
\dfrac{\partial f}{\partial \lambda_4} = 2(b_4 \lambda_1 + b_7 \lambda_2 + b_9 \lambda_3 + b_{10} \lambda_4).
\end{cases}
$$

由式 (6.2), 有

$$\begin{cases} \dfrac{\partial f}{\partial x} = \dfrac{\partial f}{\partial \lambda_1}\dfrac{\partial \lambda_1}{\partial x} + \dfrac{\partial f}{\partial \lambda_2}\dfrac{\partial \lambda_2}{\partial x} + \dfrac{\partial f}{\partial \lambda_3}\dfrac{\partial \lambda_3}{\partial x} + \dfrac{\partial f}{\partial \lambda_4}\dfrac{\partial \lambda_4}{\partial x} \\ \quad = \dfrac{1}{6V}\left(\beta_1\dfrac{\partial f}{\partial \lambda_1} + \beta_2\dfrac{\partial f}{\partial \lambda_2} + \beta_3\dfrac{\partial f}{\partial \lambda_3} + \beta_4\dfrac{\partial f}{\partial \lambda_4}\right), \\ \dfrac{\partial f}{\partial y} = \dfrac{\partial f}{\partial \lambda_1}\dfrac{\partial \lambda_1}{\partial y} + \dfrac{\partial f}{\partial \lambda_2}\dfrac{\partial \lambda_2}{\partial y} + \dfrac{\partial f}{\partial \lambda_3}\dfrac{\partial \lambda_3}{\partial y} + \dfrac{\partial f}{\partial \lambda_4}\dfrac{\partial \lambda_4}{\partial y} \\ \quad = \dfrac{1}{6V}\left(\gamma_1\dfrac{\partial f}{\partial \lambda_1} + \gamma_2\dfrac{\partial f}{\partial \lambda_2} + \gamma_3\dfrac{\partial f}{\partial \lambda_3} + \gamma_4\dfrac{\partial f}{\partial \lambda_4}\right), \\ \dfrac{\partial f}{\partial z} = \dfrac{\partial f}{\partial \lambda_1}\dfrac{\partial \lambda_1}{\partial z} + \dfrac{\partial f}{\partial \lambda_2}\dfrac{\partial \lambda_2}{\partial z} + \dfrac{\partial f}{\partial \lambda_3}\dfrac{\partial \lambda_3}{\partial z} + \dfrac{\partial f}{\partial \lambda_4}\dfrac{\partial \lambda_4}{\partial z} \\ \quad = \dfrac{1}{6V}\left(\delta_1\dfrac{\partial f}{\partial \lambda_1} + \delta_2\dfrac{\partial f}{\partial \lambda_2} + \delta_3\dfrac{\partial f}{\partial \lambda_3} + \delta_4\dfrac{\partial f}{\partial \lambda_4}\right). \end{cases} \tag{6.17}$$

采用 B 网形式表示导数,

$$\begin{cases} \dfrac{\partial f}{\partial x} = (\lambda_1,\lambda_2,\lambda_3,\lambda_4)\cdot(f_{x_1},f_{x_2},f_{x_3},f_{x_4})^{\mathrm{T}}, \\ \dfrac{\partial f}{\partial y} = (\lambda_1,\lambda_2,\lambda_3,\lambda_4)\cdot(f_{y_1},f_{y_2},f_{y_3},f_{y_4})^{\mathrm{T}}, \\ \dfrac{\partial f}{\partial z} = (\lambda_1,\lambda_2,\lambda_3,\lambda_4)\cdot(f_{z_1},f_{z_2},f_{z_3},f_{z_4})^{\mathrm{T}}, \end{cases}$$

则导数的 B 网系数为

$$\begin{cases} f_{x_1} = \dfrac{1}{3V}(\beta_1 b_1 + \beta_2 b_2 + \beta_3 b_3 + \beta_4 b_4), \\ f_{x_2} = \dfrac{1}{3V}(\beta_1 b_2 + \beta_2 b_5 + \beta_3 b_6 + \beta_4 b_7), \\ f_{x_3} = \dfrac{1}{3V}(\beta_1 b_3 + \beta_2 b_6 + \beta_3 b_8 + \beta_4 b_9), \\ f_{x_4} = \dfrac{1}{3V}(\beta_1 b_4 + \beta_2 b_7 + \beta_3 b_9 + \beta_4 b_{10}), \\ f_{y_1} = \dfrac{1}{3V}(\gamma_1 b_1 + \gamma_2 b_2 + \gamma_3 b_3 + \gamma_4 b_4), \\ f_{y_2} = \dfrac{1}{3V}(\gamma_1 b_2 + \gamma_2 b_5 + \gamma_3 b_6 + \gamma_4 b_7), \\ f_{y_3} = \dfrac{1}{3V}(\gamma_1 b_3 + \gamma_2 b_6 + \gamma_3 b_8 + \gamma_4 b_9), \\ f_{y_4} = \dfrac{1}{3V}(\gamma_1 b_4 + \gamma_2 b_7 + \gamma_3 b_9 + \gamma_4 b_{10}), \\ f_{z_1} = \dfrac{1}{3V}(\delta_1 b_1 + \delta_2 b_2 + \delta_3 b_3 + \delta_4 b_4), \\ f_{z_2} = \dfrac{1}{3V}(\delta_1 b_2 + \delta_2 b_5 + \delta_3 b_6 + \delta_4 b_7), \\ f_{z_3} = \dfrac{1}{3V}(\delta_1 b_3 + \delta_2 b_6 + \delta_3 b_8 + \delta_4 b_9), \\ f_{z_4} = \dfrac{1}{3V}(\delta_1 b_4 + \delta_2 b_7 + \delta_3 b_9 + \delta_4 b_{10}). \end{cases} \tag{6.18}$$

对另一个用 B 网表示的 2 次多项式 $g = \boldsymbol{B}^{(2)} \cdot (c_1, c_2, \cdots, c_{10})^{\mathrm{T}}$, 导数为

$$
\begin{cases}
\dfrac{\partial g}{\partial x} = (\lambda_1, \lambda_2, \lambda_3, \lambda_4) \cdot (g_{x_1}, g_{x_2}, g_{x_3}, g_{x_4})^{\mathrm{T}}, \\[2mm]
\dfrac{\partial g}{\partial y} = (\lambda_1, \lambda_2, \lambda_3, \lambda_4) \cdot (g_{y_1}, g_{y_2}, g_{y_3}, g_{y_4})^{\mathrm{T}}, \\[2mm]
\dfrac{\partial g}{\partial z} = (\lambda_1, \lambda_2, \lambda_3, \lambda_4) \cdot (g_{z_1}, g_{z_2}, g_{z_3}, g_{z_4})^{\mathrm{T}},
\end{cases}
$$

其中 $g_{x_1}, g_{x_2}, \cdots, g_{z_4}$ 与式 (6.18) 类似. 则由乘积公式 (6.14) 和积分公式 (6.15), 有

$$
\begin{cases}
\displaystyle\iint_\Delta \dfrac{\partial f}{\partial x}\dfrac{\partial g}{\partial x}\mathrm{d}v = (f_{x_1}, f_{x_2}, f_{x_3}, f_{x_4})\boldsymbol{M}(g_{x_1}, g_{x_2}, g_{x_3}, g_{x_4})^{\mathrm{T}}, \\[3mm]
\displaystyle\iint_\Delta \dfrac{\partial f}{\partial x}\dfrac{\partial g}{\partial y}\mathrm{d}v = (f_{x_1}, f_{x_2}, f_{x_3}, f_{x_4})\boldsymbol{M}(g_{y_1}, g_{y_2}, g_{y_3}, g_{y_4})^{\mathrm{T}}, \\[3mm]
\displaystyle\iint_\Delta \dfrac{\partial f}{\partial x}\dfrac{\partial g}{\partial z}\mathrm{d}v = (f_{x_1}, f_{x_2}, f_{x_3}, f_{x_4})\boldsymbol{M}(g_{z_1}, g_{z_2}, g_{z_3}, g_{z_4})^{\mathrm{T}}, \\[3mm]
\qquad\qquad\qquad \cdots\cdots \\[2mm]
\displaystyle\iint_\Delta \dfrac{\partial f}{\partial z}\dfrac{\partial g}{\partial z}\mathrm{d}v = (f_{z_1}, f_{z_2}, f_{z_3}, f_{z_4})\boldsymbol{M}(g_{z_1}, g_{z_2}, g_{z_3}, g_{z_4})^{\mathrm{T}},
\end{cases}
\tag{6.19}
$$

其中 $\boldsymbol{M}$ 是 4×4 矩阵

$$
\boldsymbol{M} = \frac{V}{10}
\begin{bmatrix}
1 & \dfrac{1}{2} & \dfrac{1}{2} & \dfrac{1}{2} \\[2mm]
\dfrac{1}{2} & 1 & \dfrac{1}{2} & \dfrac{1}{2} \\[2mm]
\dfrac{1}{2} & \dfrac{1}{2} & 1 & \dfrac{1}{2} \\[2mm]
\dfrac{1}{2} & \dfrac{1}{2} & \dfrac{1}{2} & 1
\end{bmatrix}.
\tag{6.20}
$$

因此, 只需知道两个多项式的 B 网系数和所在四面体的四个顶点的直角坐标, 即可精确计算两个多项式的乘积、积分和导数.

(4) 相邻四面体上定义的两个多项式之间的连续性条件可以由它们的 B 网系数方便地给出[16]. 例如, 设 $(\lambda_1, \lambda_2, \lambda_3, \lambda_4)$ 和 $(\bar{\lambda}_1, \bar{\lambda}_2, \bar{\lambda}_3, \bar{\lambda}_4)$ 分别为两个相邻四面体 $\triangle P_1 P_2 P_3 P_4$ 和 $\triangle \bar{P}_1 P_2 P_3 P_4$ 的体积坐标. $(\bar{\bar{\lambda}}_1, \bar{\bar{\lambda}}_2, \bar{\bar{\lambda}}_3, \bar{\bar{\lambda}}_4)$ 是点 $\bar{P}_1$ 关于四面体 $\triangle P_1 P_2 P_3 P_4$ 的体积坐标.

$$
f(\lambda_1, \lambda_2, \lambda_3, \lambda_4) = \sum_{i+j+k+l=2} b_{i,j,k,l} B^2_{i,j,k,l}(\lambda_1, \lambda_2, \lambda_3, \lambda_4)
$$

和

$$\bar{f}(\bar{\lambda}_1, \bar{\lambda}_2, \bar{\lambda}_3, \bar{\lambda}_4) = \sum_{i+j+k+l=2} \bar{b}_{i,j,k,l} B^2_{i,j,k,l}(\bar{\lambda}_1, \bar{\lambda}_2, \bar{\lambda}_3, \bar{\lambda}_4)$$

分别为定义在四面体 $\triangle P_1 P_2 P_3 P_4$ 和 $\triangle \bar{P}_1 P_2 P_3 P_4$ 上的 2 次多项式. 相应域点的 B 网系数如图 6.2 所示. 则 $f(\lambda_1, \lambda_2, \lambda_3, \lambda_4)$ 和 $\bar{f}(\bar{\lambda}_1, \bar{\lambda}_2, \bar{\lambda}_3, \bar{\lambda}_4)$ 在公共边界面 $\triangle P_2 P_3 P_4$ 上 C^0 连续的充分必要条件为

$$\bar{b}_{0,2,0,0} = b_{0,2,0,0}, \quad \bar{b}_{0,1,1,0} = b_{0,1,1,0}, \quad \bar{b}_{0,1,0,1} = b_{0,1,0,1},$$

$$\bar{b}_{0,0,2,0} = b_{0,0,2,0}, \quad \bar{b}_{0,0,1,1} = b_{0,0,1,1}, \quad \bar{b}_{0,0,0,2} = b_{0,0,0,2}. \tag{6.21}$$

C^1 连续的充分条件为

$$\bar{b}_{1,1,0,0} = b_{1,1,0,0}\bar{\bar{\lambda}}_1 + b_{0,2,0,0}\bar{\bar{\lambda}}_2 + b_{0,1,1,0}\bar{\bar{\lambda}}_3 + b_{0,1,0,1}\bar{\bar{\lambda}}_4,$$

$$\bar{b}_{1,0,1,0} = b_{1,0,1,0}\bar{\bar{\lambda}}_1 + b_{0,1,1,0}\bar{\bar{\lambda}}_2 + b_{0,0,2,0}\bar{\bar{\lambda}}_3 + b_{0,0,1,1}\bar{\bar{\lambda}}_4,$$

$$\bar{b}_{1,0,0,1} = b_{1,0,0,1}\bar{\bar{\lambda}}_1 + b_{0,1,0,1}\bar{\bar{\lambda}}_2 + b_{0,0,1,1}\bar{\bar{\lambda}}_3 + b_{0,0,0,2}\bar{\bar{\lambda}}_4. \tag{6.22}$$

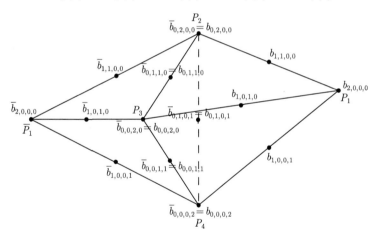

图 6.2 $f(\lambda_1, \lambda_2, \lambda_3, \lambda_4)$ 和 $\bar{f}(\bar{\lambda}_1, \bar{\lambda}_2, \bar{\lambda}_3, \bar{\lambda}_4)$ 的连续条件

6.2 六面体 21 节点样条单元

对任一六面体, 如图 6.3(a) 所示, 记角点为 $P_1, \cdots, P_8$. 六面体被细分为 6 个子四面体 $\Delta_1, \cdots, \Delta_6$ 如下: $\Delta_1 = \triangle P_1 P_2 P_3 P_7, \Delta_2 = \triangle P_1 P_3 P_4 P_7, \Delta_3 = \triangle P_1 P_5 P_6 P_7,$ $\Delta_4 = \triangle P_7 P_8 P_4 P_1, \Delta_5 = \triangle P_7 P_5 P_8 P_1, \Delta_6 = \triangle P_7 P_2 P_3 P_1.$

按照四面体体积坐标和 B 网方法, 2 次多项式在子四面体上有 10 个域点. 所以一共有 27 个域点在六面体上, 记为 $\beta_1, \cdots, \beta_{27}$, 它们的指标如图 6.3(b) 所示.

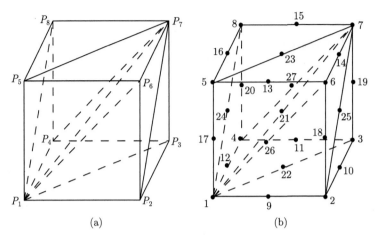

图 6.3   一个六面体和其上的 2 次 B 网域点

考虑定义在 $\Delta_1, \cdots, \Delta_6$ 上的三元 2 次样条空间, 里面的每一个函数都是分片 2 次函数, 在 6 个点 $P_{22}, P_{23}, P_{24}, P_{25}, P_{26}, P_{27}$ 上 C^1 连续. 由 B 网方法, 这个连续条件等价于下面由 B 网系数组成的线性方程组,

$$
\begin{vmatrix}
1 & x_1 & y_1 & z_1 & \beta_1 \\
1 & x_2 & y_2 & z_2 & \beta_9 + \beta_{10} - \beta_{22} \\
1 & x_3 & y_3 & z_3 & \beta_3 \\
1 & x_4 & y_4 & z_4 & \beta_{11} + \beta_{12} - \beta_{22} \\
1 & x_7 & y_7 & z_7 & \beta_{19} + \beta_{21} - \beta_{22}
\end{vmatrix} = 0, \quad
\begin{vmatrix}
1 & x_7 & y_7 & z_7 & \beta_7 \\
1 & x_6 & y_6 & z_6 & \beta_{13} + \beta_{14} - \beta_{23} \\
1 & x_5 & y_5 & z_5 & \beta_5 \\
1 & x_8 & y_8 & z_8 & \beta_{15} + \beta_{16} - \beta_{23} \\
1 & x_1 & y_1 & z_1 & \beta_{17} + \beta_{21} - \beta_{23}
\end{vmatrix} = 0,
$$

$$
\begin{vmatrix}
1 & x_1 & y_1 & z_1 & \beta_1 \\
1 & x_5 & y_5 & z_5 & \beta_{16} + \beta_{17} - \beta_{24} \\
1 & x_8 & y_8 & z_8 & \beta_8 \\
1 & x_4 & y_4 & z_4 & \beta_{12} + \beta_{20} - \beta_{24} \\
1 & x_7 & y_7 & z_7 & \beta_{15} + \beta_{21} - \beta_{24}
\end{vmatrix} = 0, \quad
\begin{vmatrix}
1 & x_7 & y_7 & z_7 & \beta_7 \\
1 & x_3 & y_3 & z_3 & \beta_{10} + \beta_{19} - \beta_{25} \\
1 & x_2 & y_2 & z_2 & \beta_2 \\
1 & x_6 & y_6 & z_6 & \beta_{14} + \beta_{18} - \beta_{25} \\
1 & x_1 & y_1 & z_1 & \beta_9 + \beta_{21} - \beta_{25}
\end{vmatrix} = 0,
$$

$$
\begin{vmatrix}
1 & x_1 & y_1 & z_1 & \beta_1 \\
1 & x_5 & y_5 & z_5 & \beta_{13} + \beta_{17} - \beta_{26} \\
1 & x_6 & y_6 & z_6 & \beta_6 \\
1 & x_2 & y_2 & z_2 & \beta_9 + \beta_{18} - \beta_{26} \\
1 & x_7 & y_7 & z_7 & \beta_{14} + \beta_{21} - \beta_{26}
\end{vmatrix} = 0, \quad
\begin{vmatrix}
1 & x_7 & y_7 & z_7 & \beta_7 \\
1 & x_3 & y_3 & z_3 & \beta_{11} + \beta_{19} - \beta_{27} \\
1 & x_4 & y_4 & z_4 & \beta_4 \\
1 & x_8 & y_8 & z_8 & \beta_{15} + \beta_{20} - \beta_{27} \\
1 & x_1 & y_1 & z_1 & \beta_{12} + \beta_{21} - \beta_{25}
\end{vmatrix} = 0.
$$

求解上面有 27 个未知量 $\beta_1, \cdots, \beta_{27}$ 组成的 6 个方程, 能得到 21 个极大线性无关向量组 $\boldsymbol{\beta}^{(i)} = (\beta_j^{(i)})_{j=1}^{27} (i = 1, 2, \cdots, 21)$ 组成下面一个 21×27 矩阵:

$$\begin{bmatrix} \boldsymbol{\beta}^{(1)} \\ \boldsymbol{\beta}^{(2)} \\ \vdots \\ \boldsymbol{\beta}^{(21)} \end{bmatrix} = [\,\boldsymbol{I} \mid \boldsymbol{A}\,], \qquad (6.23)$$

其中子矩阵 $\boldsymbol{I}$ 是 21 阶的单位矩阵, $\boldsymbol{A}$ 是一个 21×6 子矩阵,

$$\boldsymbol{A} = \begin{bmatrix} a_1 & 0 & c_1 & 0 & e_1 & 0 \\ 0 & 0 & 0 & d_2 & 0 & 0 \\ a_2 & 0 & 0 & 0 & 0 & 0 \\ 0 & 0 & 0 & 0 & 0 & f_2 \\ 0 & b_2 & 0 & 0 & 0 & 0 \\ 0 & 0 & 0 & 0 & e_2 & 0 \\ 0 & b_1 & 0 & d_1 & 0 & f_1 \\ 0 & 0 & c_2 & 0 & 0 & 0 \\ a_3 & 0 & 0 & d_5 & e_4 & 0 \\ a_3 & 0 & 0 & d_3 & 0 & 0 \\ a_4 & 0 & 0 & 0 & 0 & f_3 \\ a_4 & 0 & c_4 & 0 & 0 & f_5 \\ 0 & b_3 & 0 & 0 & e_3 & 0 \\ 0 & b_3 & 0 & d_4 & e_5 & 0 \\ 0 & b_4 & c_5 & 0 & 0 & f_4 \\ 0 & b_4 & c_3 & 0 & 0 & 0 \\ 0 & b_5 & c_3 & 0 & e_3 & 0 \\ 0 & 0 & 0 & d_4 & e_4 & 0 \\ a_5 & 0 & 0 & d_3 & 0 & f_3 \\ 0 & 0 & c_4 & 0 & 0 & f_4 \\ a_5 & b_5 & c_5 & d_5 & e_5 & f_5 \end{bmatrix}. \qquad (6.24)$$

常数 a_1, a_2, a_3, a_4, a_5 定义如下

$$a_1 = -\frac{\text{Det}(2,3,4,7)}{\text{Det}(1,3,4,7) + \text{Det}(1,2,3,7) - \text{Det}(1,2,3,4)},$$

$$a_2 = -\frac{\text{Det}(1,2,4,7)}{\text{Det}(1,3,4,7) + \text{Det}(1,2,3,7) - \text{Det}(1,2,3,4)},$$

$$a_3 = \frac{\text{Det}(1,3,4,7)}{\text{Det}(1,3,4,7) + \text{Det}(1,2,3,7) - \text{Det}(1,2,3,4)},$$

$$a_4 = \frac{\text{Det}(1,2,3,7)}{\text{Det}(1,3,4,7) + \text{Det}(1,2,3,7) - \text{Det}(1,2,3,4)},$$

$$a_5 = -\frac{\text{Det}(1,2,3,4)}{\text{Det}(1,3,4,7)+\text{Det}(1,2,3,7)-\text{Det}(1,2,3,4)}, \tag{6.25}$$

其中

$$\text{Det}(i,j,k,l) = \begin{vmatrix} 1 & x_i & y_i & z_i \\ 1 & x_j & y_j & z_j \\ 1 & x_k & y_k & z_k \\ 1 & x_l & y_l & z_l \end{vmatrix},$$

b_i, c_i, d_i, e_i, f_i $(i = 1, 2, \cdots, 5)$ 可以通过分别对上式轮换下标 $(1,2,3,4,7)$ 为 $(7,6,5,8,1)$, $(1,5,8,4,7)$, $(7,3,2,6,1)$, $(1,5,6,2,7)$ 和 $(7,3,4,8,1)$ 得到.

分别用上述的向量 $\boldsymbol{\beta}^{(i)}$ 作为 B 网系数来定义 21 个 2 次样条基函数 $L_i(i = 1, 2, \cdots, 21)$. 易于验证

$$-\text{Det}(2,3,4,7)-\text{Det}(1,2,4,7)+\text{Det}(1,3,4,7)+\text{Det}(1,2,3,7)-\text{Det}(1,2,3,4)=0.$$

因此有

$$a_1 + a_2 + 2a_3 + 2a_4 + 2a_5 = 1, \quad b_1 + b_2 + 2b_3 + 2b_4 + 2b_5 = 1,$$
$$c_1 + c_2 + 2c_3 + 2c_4 + 2c_5 = 1, \quad d_1 + d_2 + 2d_3 + 2d_4 + 2d_5 = 1,$$
$$e_1 + e_2 + 2e_3 + 2e_4 + 2e_5 = 1, \quad f_1 + f_2 + 2f_3 + 2f_4 + 2f_5 = 1.$$

这说明 21 个由 B 网系数组成的向量的和为 $\sum_{i=1}^{21} \boldsymbol{\beta}^{(i)} = (1, 1, \cdots, 1)$. 由 B 网方法, 这 21 个样条基函数 L_i $(i = 1, 2, \cdots, 21)$ 满足单位分解性,

$$\sum_{i=1}^{21} L_i = 1. \tag{6.26}$$

每一个 2 次样条函数是一个分片多项式, 限制在 6 个子四面体上的多项式可以由相应 B 网系数得到. 记每一个四面体 Δ_k 的体积坐标为 $(\lambda_{k,1}, \lambda_{k,2}, \lambda_{k,3}, \lambda_{k,4})$, 记相应 2 次 Bernstein 多项为 $\boldsymbol{B}_k^{(2)}$ $(k = 1, 2, \cdots, 6)$. 则分片多项式 L_i 限制在每个四面体 Δ_k 上的表达式为

$$\begin{cases} L_i|\Delta_1 = \boldsymbol{B}_1^{(2)} \cdot (\beta_1^{(i)}, \beta_9^{(i)}, \beta_{22}^{(i)}, \beta_{21}^{(i)}, \beta_2^{(i)}, \beta_{10}^{(i)}, \beta_{25}^{(i)}, \beta_3^{(i)}, \beta_{19}^{(i)}, \beta_7^{(i)})^{\mathrm{T}}, \\ L_i|\Delta_2 = \boldsymbol{B}_2^{(2)} \cdot (\beta_1^{(i)}, \beta_{22}^{(i)}, \beta_{12}^{(i)}, \beta_{21}^{(i)}, \beta_3^{(i)}, \beta_{11}^{(i)}, \beta_{19}^{(i)}, \beta_4^{(i)}, \beta_{27}^{(i)}, \beta_7^{(i)})^{\mathrm{T}}, \\ L_i|\Delta_3 = \boldsymbol{B}_3^{(2)} \cdot (\beta_1^{(i)}, \beta_{17}^{(i)}, \beta_{26}^{(i)}, \beta_{21}^{(i)}, \beta_5^{(i)}, \beta_{13}^{(i)}, \beta_{23}^{(i)}, \beta_6^{(i)}, \beta_{14}^{(i)}, \beta_7^{(i)})^{\mathrm{T}}, \\ L_i|\Delta_4 = \boldsymbol{B}_4^{(2)} \cdot (\beta_7^{(i)}, \beta_{15}^{(i)}, \beta_{27}^{(i)}, \beta_{21}^{(i)}, \beta_8^{(i)}, \beta_{20}^{(i)}, \beta_{24}^{(i)}, \beta_4^{(i)}, \beta_{12}^{(i)}, \beta_1^{(i)})^{\mathrm{T}}, \\ L_i|\Delta_5 = \boldsymbol{B}_5^{(2)} \cdot (\beta_7^{(i)}, \beta_{23}^{(i)}, \beta_{15}^{(i)}, \beta_{21}^{(i)}, \beta_5^{(i)}, \beta_{16}^{(i)}, \beta_{17}^{(i)}, \beta_8^{(i)}, \beta_{24}^{(i)}, \beta_1^{(i)})^{\mathrm{T}}, \\ L_i|\Delta_6 = \boldsymbol{B}_6^{(2)} \cdot (\beta_7^{(i)}, \beta_{25}^{(i)}, \beta_{14}^{(i)}, \beta_{21}^{(i)}, \beta_2^{(i)}, \beta_{18}^{(i)}, \beta_9^{(i)}, \beta_6^{(i)}, \beta_{26}^{(i)}, \beta_1^{(i)})^{\mathrm{T}}. \end{cases} \tag{6.27}$$

再通过下面的线性变换, 可以得到一组插值于点 $P_i = (x_i, y_i, z_i)$ $(i = 1, 2, \cdots, 21)$ 的基函数 $N_1(x, y, z), \cdots, N_{21}(x, y, z)$,

$$N_1 = L_1 - \frac{1}{2}L_9 - \frac{1}{2}L_{12} - \frac{1}{2}L_{17} - \frac{1}{2}L_{21}, \quad N_2 = L_2 - \frac{1}{2}L_9 - \frac{1}{2}L_{10} - \frac{1}{2}L_{18},$$

$$N_3 = L_3 - \frac{1}{2}L_{10} - \frac{1}{2}L_{11} - \frac{1}{2}L_{19}, \quad N_4 = L_4 - \frac{1}{2}L_{11} - \frac{1}{2}L_{12} - \frac{1}{2}L_{20},$$

$$N_5 = L_5 - \frac{1}{2}L_{13} - \frac{1}{2}L_{16} - \frac{1}{2}L_{17}, \quad N_6 = L_6 - \frac{1}{2}L_{13} - \frac{1}{2}L_{14} - \frac{1}{2}L_{18},$$

$$N_7 = L_7 - \frac{1}{2}L_{14} - \frac{1}{2}L_{15} - \frac{1}{2}L_{19} - \frac{1}{2}L_{21}, \quad N_8 = L_8 - \frac{1}{2}L_{15} - \frac{1}{2}L_{16} - \frac{1}{2}L_{20},$$

$$N_9 = 2L_9, \quad N_{10} = 2L_{10}, \quad N_{11} = 2L_{11}, \quad N_{12} = 2L_{12}, \quad N_{13} = 2L_{13},$$

$$N_{14} = 2L_{14}, \quad N_{15} = 2L_{15}, \quad N_{16} = 2L_{16}, \quad N_{17} = 2L_{17}, \quad N_{18} = 2L_{18},$$

$$N_{19} = 2L_{19}, \quad N_{20} = 2L_{20}, \quad N_{21} = 2L_{21}. \tag{6.28}$$

容易验证这 21 个样条基函数满足单位分解性和插值性:

$$\sum_{i=1}^{21} N_i \equiv 1, \quad N_i(P_j) = \delta_{i,j}, \quad i, j = 1, 2, \cdots, 21, \tag{6.29}$$

其中 $P_1, \cdots, P_{21}$ 为如图 6.3(b) 所示的节点.

由 $N_1, N_2, \cdots, N_{21}$ 建立的 21 节点的六面体单元记为 HS21. 由节点位移决定的位移场可表示为

$$\begin{cases} u = \displaystyle\sum_{i=1}^{21} u_i N_i, \\ v = \displaystyle\sum_{i=1}^{21} v_i N_i, \\ w = \displaystyle\sum_{i=1}^{21} w_i N_i. \end{cases} \tag{6.30}$$

此后关于有限元的计算与通常六面体单元的列式一致, 六面体的单元刚度矩阵 $\boldsymbol{K}$ 可以通过每个四面体单元 Δ_k $(k = 1, 2, \cdots, 6)$ 上的刚度矩阵 $\boldsymbol{K}_k$ 相加得到 (与平面样条单元类似).

由 HS21 单元的插值性质 (6.29), 两个相邻单元退化到公共边界上只和该边界的位移有关, 所以相邻单元在公共边界上是 C^0 连续的, 满足协调性. 更进一步, HS21 单元在直角坐标系中有 2 阶完备性. 通过验证 2 次多项式 $1, x, y, z, \cdots,$ $x^2, \cdots, z^2$, 有如下的定理.

定理 6.1   设 D 是任意的六面体域 $P_1 \cdots P_8$, $N_1(x,y,z), \cdots, N_{21}(x,y,z)$ 是由式 (6.23) 和 (6.28) 定义的 B 网系数对应的样条插值基函数, 定义插值算子如下

$$(Nf)(x,y,z) := \sum_{i=1}^{21} f(P_i) N_i(x,y,z), \tag{6.31}$$

则对所有的 $f(x,y,z) \in \mathbb{P}_2$, 有

$$(Nf)(x,y,z) \equiv f(x,y,z), \quad (x,y,z) \in D.$$

6.3   金字塔 13 节点样条单元

一个金字塔如图 6.4(a) 所示, 记角点为 P_1, P_2, P_3, P_4, P_5. 金字塔单元被细分为两个子四面体 Δ_1, Δ_2, 分别为: $\Delta_1 = \triangle P_1 P_2 P_3 P_5$, $\Delta_2 = \triangle P_1 P_3 P_4 P_5$.

由四面体体积坐标和 B 网方法, 2 次多项式在每个子四面体上有 10 个域点, 所以金字塔共有 14 个域点, 对应的 B 网系数记为 $\beta_1, \cdots, \beta_{14}$, 它们的指标如图 6.4(b).

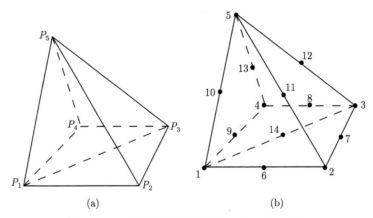

图 6.4   一个金字塔和其上的 2 次 B 网域点

考虑定义在 Δ_1, Δ_2 上的三元样条函数空间, 每一个函数是分片 2 次多项式, 在 P_{14} 点外 C^1 连续. 由 B 网方法, 这种连续条件等价于下面由 B 网系数组成的线性方程组,

$$\begin{vmatrix} 1 & x_1 & y_1 & z_1 & \beta_1 \\ 1 & x_2 & y_2 & z_2 & \beta_{10} + \beta_{11} - \beta_{14} \\ 1 & x_3 & y_3 & z_3 & \beta_3 \\ 1 & x_4 & y_4 & z_4 & \beta_{12} + \beta_{13} - \beta_{14} \\ 1 & x_5 & y_5 & z_5 & \beta_6 + \beta_8 - \beta_{14} \end{vmatrix} = 0.$$

求解上面有 14 个未知量 $\beta_1, \cdots, \beta_{14}$ 的方程组, 可以得到 13 个极大线性无关向量组 $\boldsymbol{\beta}^{(i)} = (\beta_j^{(i)})_{j=1}^{14}$ $(i = 1, \cdots, 13)$, 它们组成下面一个 13×14 矩阵:

$$\begin{bmatrix} \boldsymbol{\beta}^{(1)} \\ \boldsymbol{\beta}^{(2)} \\ \vdots \\ \boldsymbol{\beta}^{(13)} \end{bmatrix} = [\boldsymbol{I} \mid \boldsymbol{A}], \tag{6.32}$$

其中子矩阵 $\boldsymbol{I}$ 是 13 阶的单位矩阵, $\boldsymbol{A}$ 是如下的一个 13×1 子矩阵:

$$\boldsymbol{A} = [a \ 0 \ b \ 0 \ 0 \ e \ 0 \ e \ 0 \ c \ c \ d \ d]^{\mathrm{T}}, \tag{6.33}$$

系数 a, b, c, d, e 定义为

$$\begin{aligned} a &= -\frac{\mathrm{Det}(2,3,4,5)}{\mathrm{Det}(1,3,4,5) + \mathrm{Det}(1,2,3,5) - \mathrm{Det}(1,2,3,4)}, \\ b &= -\frac{\mathrm{Det}(1,2,4,5)}{\mathrm{Det}(1,3,4,5) + \mathrm{Det}(1,2,3,5) - \mathrm{Det}(1,2,3,4)}, \\ c &= \frac{\mathrm{Det}(1,3,4,5)}{\mathrm{Det}(1,3,4,5) + \mathrm{Det}(1,2,3,5) - \mathrm{Det}(1,2,3,4)}, \\ d &= \frac{\mathrm{Det}(1,2,3,5)}{\mathrm{Det}(1,3,4,5) + \mathrm{Det}(1,2,3,5) - \mathrm{Det}(1,2,3,4)}, \\ e &= -\frac{\mathrm{Det}(1,2,3,4)}{\mathrm{Det}(1,3,4,5) + \mathrm{Det}(1,2,3,5) - \mathrm{Det}(1,2,3,4)}. \end{aligned} \tag{6.34}$$

定义 13 个 2 次样条基函数 L_i $(i = 1, 2, \cdots, 13)$, 分别使用每个向量 $\boldsymbol{\beta}^{(i)}$ 作它的 B 网系数. 易证

$$-\mathrm{Det}(2,3,4,5) - \mathrm{Det}(1,2,4,5) + \mathrm{Det}(1,3,4,5) + \mathrm{Det}(1,2,3,5) - \mathrm{Det}(1,2,3,4) = 0,$$

因此

$$a + b + 2c + 2d + 2e = 1,$$

表明 13 个 B 网系数的和向量满足 $\sum_{i=1}^{13} \boldsymbol{\beta}^{(i)} = (1, 1, \cdots, 1)$. 由 B 网方法, 13 个样条基函数 L_i $(i = 1, 2, \cdots, 13)$ 满足单位分解性,

$$\sum_{i=1}^{13} L_i = 1. \tag{6.35}$$

每一个 2 次分片样条基函数限制在两个子四面体上的表达式可以由相应的 B 网系数表示. 记每一个子四面体 Δ_k 的体积坐标为 $(\lambda_{k,1}, \lambda_{k,2}, \lambda_{k,3}, \lambda_{k,4})$, 相应的 Bernstein 多项式为 $\boldsymbol{B}_k^{(2)}$ $(k = 1, 2)$. 则分片多项式 L_i 限制在 Δ_k 上为

$$\begin{cases} L_i|_{\Delta_1} = \boldsymbol{B}_1^2 \cdot (\beta_1^{(i)}, \beta_6^{(i)}, \beta_{14}^{(i)}, \beta_{10}^{(i)}, \beta_2^{(i)}, \beta_7^{(i)}, \beta_{11}^{(i)}, \beta_3^{(i)}, \beta_{12}^{(i)}, \beta_5^{(i)})^{\mathrm{T}}, \\ L_i|_{\Delta_2} = \boldsymbol{B}_2^2 \cdot (\beta_1^{(i)}, \beta_{14}^{(i)}, \beta_9^{(i)}, \beta_{10}^{(i)}, \beta_3^{(i)}, \beta_8^{(i)}, \beta_{12}^{(i)}, \beta_4^{(i)}, \beta_{13}^{(i)}, \beta_5^{(i)})^{\mathrm{T}}. \end{cases} \tag{6.36}$$

通过如下线性变换, 可以得到另一组插值于点 $P_i = (x_i, y_i, z_i)$ $(i = 1, 2, \cdots, 13)$ 的基函数 $N_1(x, y, z), \cdots, N_{13}(x, y, z)$,

$$N_1 = L_1 - \frac{1}{2}L_6 - \frac{1}{2}L_{10} - \frac{1}{2}L_{13}, \quad N_2 = L_2 - \frac{1}{2}L_7 - \frac{1}{2}L_{10} - \frac{1}{2}L_{11},$$

$$N_3 = L_3 - \frac{1}{2}L_8 - \frac{1}{2}L_{11} - \frac{1}{2}L_{12}, \quad N_4 = L_4 - \frac{1}{2}L_9 - \frac{1}{2}L_{12} - \frac{1}{2}L_{13},$$

$$N_5 = L_5 - \frac{1}{2}L_6 - \frac{1}{2}L_7 - \frac{1}{2}L_8 - \frac{1}{2}L_9,$$

$$N_6 = 2L_6, \qquad N_7 = 2L_7, \qquad N_8 = 2L_8, \quad N_9 = 2L_9,$$

$$N_{10} = 2L_{10}, \quad N_{11} = 2L_{11}, \quad N_{12} = 2L_{12}, \quad N_{13} = 2L_{13}. \tag{6.37}$$

容易验证这 13 个样条基函数满足单位分解性和插值性:

$$\sum_{i=1}^{13} N_i \equiv 1, \quad N_i(P_j) = \delta_{i,j}, \quad i, j = 1, 2, \cdots, 13, \tag{6.38}$$

其中 $P_1, \cdots, P_{13}$ 是如图 6.4(b) 所示的节点.

由 $N_1, N_2, \cdots, N_{13}$ 构造的 13 节点金字塔样条单元记为 PS13. 由节点位移表示的单元的位移场可以表示为

$$\begin{cases} u = \displaystyle\sum_{i=1}^{13} u_i N_i, \\ v = \displaystyle\sum_{i=1}^{13} v_i N_i, \\ w = \displaystyle\sum_{i=1}^{13} w_i N_i. \end{cases} \tag{6.39}$$

此后关于有限元的计算与通常金字塔单元的列式一致, 金字塔单元刚度矩阵可以由每一个子四面体 Δ_k $(k = 1, 2)$ 上的刚度矩阵相加得到.

由 PS13 单元的插值性质 (6.38), 两个相邻单元退化到公共边界上只和该边界的位移有关, 所以相邻单元在公共边界上是 C^0 连续的, 满足协调性. 更进一步, PS13 单元在直角坐标系中有 2 阶完备性. 通过验证 2 次多项式 $1, x, y, z, \cdots, x^2, \cdots, z^2$, 有如下的定理.

定理 6.2 设 D 是任意的金字塔单元域 $P_1P_2P_3P_4P_5$, $N_1(x, y, z), \cdots, N_{13}(x, y, z)$ 是由式 (6.32) 和 (6.37) 定义的 B 网系数对应的样条插值基函数, 定义插值算子如下

$$(Nf)(x,y,z) := \sum_{i=1}^{13} f(P_i) N_i(x,y,z), \tag{6.40}$$

则对所有的 $f(x,y,z) \in \mathbb{P}_2$, 有

$$(Nf)(x,y,z) \equiv f(x,y,z), \quad (x,y,z) \in D.$$

6.4　三维单元数值算例

在这一节中, 通过一些三维弹性问题的经典算例来测试三维样条单元 HS21, PS13 的性能, 并与 20 节点和 13 节点的等参单元 H20, P13 进行对比.

例 6.1　分片检验.

图 6.5 为一被任意网格划分的小片, 用来做分片检验. 这是一个标准的数值算例, 用来检验单元的收敛性, 其中 $E = 10^6$, $\nu = 0.25$. 对任意给定的 2 次位移场,

$$\begin{cases} u = a_0 + a_1 x + a_2 y + a_3 z + a_4 x^2 + a_5 xy + a_6 xz + a_7 y^2 + a_8 yz + a_9 z^2, \\ v = b_0 + b_1 x + b_2 y + b_3 z + b_4 x^2 + b_5 xy + b_6 xz + b_7 y^2 + b_8 yz + b_9 z^2, \\ w = c_0 + c_1 x + c_2 y + c_3 z + c_4 x^2 + c_5 xy + c_6 xz + c_7 y^2 + c_8 yz + c_9 z^2. \end{cases} \tag{6.41}$$

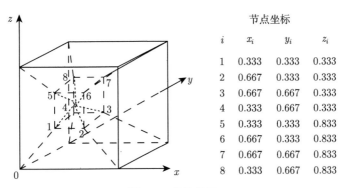

	节点坐标		
i	x_i	y_i	z_i
1	0.333	0.333	0.333
2	0.667	0.333	0.333
3	0.667	0.667	0.333
4	0.333	0.667	0.333
5	0.333	0.333	0.833
6	0.667	0.333	0.833
7	0.667	0.667	0.833
8	0.333	0.667	0.833

图 6.5　分片检验

其中系数 $a_0, b_0, c_0, \cdots, a_9, b_9, c_9$ 可由应力平衡条件得出如下关系式,

$$\begin{cases} a_7 = -\dfrac{2(-1+\nu)}{-1+2\nu} a_4 - a_9 + \dfrac{1}{2(-1+2\nu)} b_5 + \dfrac{1}{2(-1+2\nu)} c_6, \\ b_4 = \dfrac{1}{2(-1+2\nu)} a_5 - \dfrac{2(-1+\nu)}{-1+2\nu} b_7 - b_9 + \dfrac{1}{2(-1+2\nu)} c_8, \\ c_4 = \dfrac{1}{2(-1+2\nu)} a_6 + \dfrac{\nu}{-1+2\nu} b_8 - b_9 - \dfrac{1}{2} c_8 + \dfrac{2(-1+\nu)}{-1+2\nu} c_9. \end{cases}$$

不失一般性, 选择次数 $d = 1, 2$ 的位移场如下

$$\begin{cases} u = (2x + y + z)/2, \\ v = (x + 2y + z)/2, \\ w = (x + y + 2z)/2; \end{cases} \tag{6.42}$$

$$\begin{cases} u = (2x + y + z)/2 + (x^2 - 3y^2), \\ v = (x + 2y + z)/2 + (y^2 - 3x^3), \\ w = (x + y + 2z)/2 + (z^2 - 3x^2). \end{cases} \tag{6.43}$$

表 6.1 给出了两个给定位移场式 (6.42) 和式 (6.43) 的分片检验的结果. 在表 6.1 中, 字母 "Y" 表示单元通过分片检验, "N" 表示不通过分片检验. 结果表明, 等参单元 H20, P13 在直角坐标系中只有 1 阶完备性, HS21, PS13 有 2 阶完备性.

表 **6.1**　分片检验的结果(图 6.5)

	$d = 1(6.42)$	$d = 2(6.43)$
H20	Y	N
HS21	Y	Y
P13	Y	N
PS13	Y	Y

例 6.2　短梁的弯曲和剪切问题.

一个悬臂短梁被剖分为一个六面体单元或 3 个金字塔单元, 如图 6.6 所示. 关于短梁弯曲和剪切的数值结果见表 6.2.

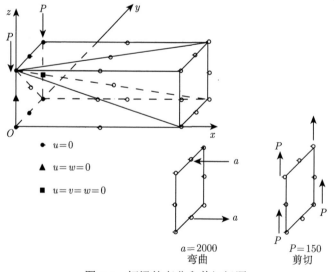

图 6.6　短梁的弯曲和剪切问题

例 6.3 细长悬臂梁.

图 6.7 显示了一根细长悬臂梁, 长度为 $L = 100$, 宽度为 $d = 1$, 在自由端受一弯矩或剪切力作用. 梁被剖分为 2 个六面体单元或 6 个金字塔单元. 数值结果见表 6.2.

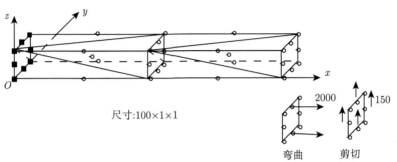

图 6.7 细长悬臂梁

例 6.4 曲梁.

图 6.8 显了一个曲梁内半径为 $R = 4.12$, 宽度为 $b = 0.1$, 厚度为 $h = 0.2$, 弹性常数为 $E = 10^7$ 和 $\nu = 0.25$. 一端固定, 另一端受单位力作用. 曲梁被剖分为 6 个六面体单元或 18 个金字塔单元. 解析解为 $w_A = 0.08734$. 数值结果见表 6.2.

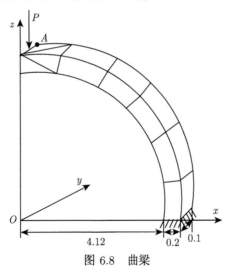

图 6.8 曲梁

例 6.5 网格畸变的敏度实验.

图 6.9 显示了一个悬臂梁在自由端受弯矩或剪切力作用. 梁被剖分为 2 个六面体单元或 6 个金字塔单元. 参数 e 用来表示网格畸变的程度. 数值结果见表 6.3 和表 6.4. 结果显示, 样条单元对网格畸变不敏感.

表 6.2　各种梁问题中点 A 处的挠度 w_A (图 6.6—图 6.8)

单元	短梁		长梁		曲梁
	弯曲	剪切	弯曲	剪切	剪切
H20	100.25	86.10	119.97	2250.06	0.07639
HS21	100.30	82.18	120.00	2250.36	0.08601
P13	99.88	82.44	119.93	2249.06	0.07123
PS13	99.72	80.77	120.00	2250.31	0.08560
精确解	100.00	102.60	120.00	2400.00	0.08734

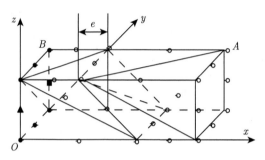

图 6.9　悬臂梁的网格畸变敏度实验

表 6.3　弯矩 (M) 作用下的网格畸变敏度实验:点 A 处的挠度 w_A (图 6.9)

单元	$e=0$	$e=1$	$e=2$	$e=3$	$e=4$
H20	100.25	99.36	88.08	56.90	29.90
HS21	100.35	100.32	100.41	100.46	100.26
P13	100.25	99.86	94.78	75.63	46.52
PS13	100.10	100.34	100.31	100.20	99.98
精确解			100.00		

表 6.4　剪切力 (Q) 作用下的网格畸变敏度实验:点 A 处的挠度 w_A (图 6.9)

单元	$e=0$	$e=1$	$e=2$	$e=3$	$e=4$
H20	100.71	95.86	81.42	54.39	31.90
HS21	98.96	96.13	92.76	90.45	87.66
P13	99.27	94.44	85.35	68.65	45.01
PS13	98.20	91.92	86.37	84.41	83.17
精确解			102.60		

例 6.6　板的弯曲问题.

图 6.10 显示了一块方板在自由端受集中力作用. 方板被剖分为 2 个六面体单元或 6 个金字塔单元. 数值结果见表 6.5.

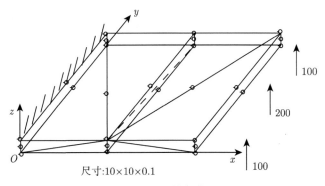

图 6.10 方板的弯曲问题

表 6.5 方板的挠度(图 6.10)

单元	网格: 1×2
H20	0.7145
HS21	0.7148
P13	0.7152
PS13	0.7252
精确解	0.7619

例 6.7 不可压缩问题.

图 6.11 和图 6.12 显示了一个悬臂梁在自由端受集中力 $Q = 0.5$ 的作用[36]. 梁被剖分为 2 个六面体单元或 6 个金字塔单元. 考虑三维应变条件. 用各种 Poisson 比 $(0.25, 0.3, 0.49, 0.499, 0.499999, 0.49999999)$ 来检验单元性能. Young 模量 E 可由 Poisson 比得到 $E(\nu) = \dfrac{(1-\nu^2)L^3}{2c^3}\left(\dfrac{c^2}{2L^2}\left(4 + 5\dfrac{\nu}{1-\nu} + 1\right)\right)$. 文献 [36] 中给出的点 A 处的竖直位移解析解为 $w_A = 1$. 数值结果见表 6.6. 结果显示样条单元在分析不可压缩问题时可以得到比较精确的结果 $(\nu \to 0.5)$.

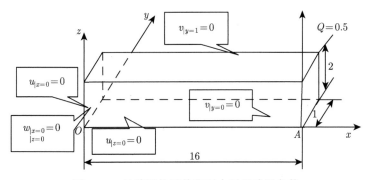

图 6.11 悬臂梁的形状和受力以及边界条件

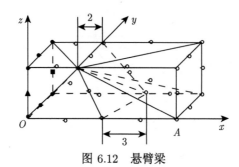

图 6.12 悬臂梁

表 6.6 悬臂梁在各种 Poisson 比时得出的点 A 处的挠度 w_A (图 6.12)

ν	0.25	0.3	0.49	0.499	0.499999	0.49999999
H20	0.941	0.943	0.903	0.687	0.219	0.200
HS21	0.924	0.928	0.931	0.921	0.880	0.880
P13	0.928	0.931	0.912	0.827	0.266	0.220
PS13	0.882	0.886	0.884	0.866	0.858	0.858
精确解		1.000				

6.5 三棱柱 15 节点样条单元

对一个三棱柱, 如图 6.13(a) 所示, 记角点为 $P_1 = (x_1, y_1, z_1), \cdots, P_6 = (x_6, y_6, z_6)$. 三棱柱被细分为 3 个子四面体 $\Delta_1, \Delta_2, \Delta_3$, 记为 $\Delta_1 = \triangle P_6 P_1 P_4 P_5$, $\Delta_2 = \triangle P_6 P_1 P_5 P_2$, $\Delta_3 = \triangle P_6 P_1 P_2 P_3$.

通过四面体体积坐标和 B 网方法, 每个子四面体上定义的 2 次多项式有 10 个域点, 因此在三棱柱上共有 18 个域点, 相应的 B 网系数记为 $b_1, b_2, \cdots, b_{18}$, 它们的指标如图 6.13(b) 所示.

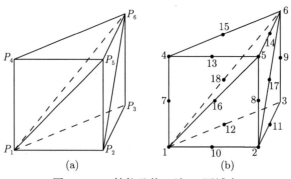

图 6.13 三棱柱及其 2 次 B 网域点

为了得到插值于点 $P_1, P_2, \cdots, P_{15}$ 的 15 个样条基函数, 需要用点 $P_1, P_2, \cdots,$ P_{15} 的 B 网系数来表示点 P_{16}, P_{17}, P_{18} 的 B 网系数. 这里我们考虑定义在 $\Delta_1, \Delta_2, \Delta_3$

上的三元 2 次样条函数, 分片 2 次多项式在两个边界面 $\triangle P_1P_5P_6$ 和 $\triangle P_1P_2P_6$ 上满足 C^1 连续条件.

定义一些常数

$$\zeta_1 = \mathrm{Det}(4,5,2,6), \quad \zeta_2 = -\mathrm{Det}(1,5,2,6), \quad \zeta_3 = \mathrm{Det}(1,4,2,6),$$
$$\zeta_4 = -\mathrm{Det}(1,4,5,6), \quad \zeta_5 = \mathrm{Det}(1,4,5,2);$$
$$\eta_1 = \mathrm{Det}(5,6,3,1), \quad \eta_2 = -\mathrm{Det}(2,6,3,1), \quad \eta_3 = \mathrm{Det}(2,5,3,1),$$
$$\eta_4 = -\mathrm{Det}(2,5,6,1), \quad \eta_5 = \mathrm{Det}(2,5,6,3). \tag{6.44}$$

由 B 网方法, 连续条件等价于下面 6 个由 B 网系数构成的线性方程组:

$$C_1 = \zeta_1 b_1 + \zeta_2 b_7 + \zeta_3 b_{16} + \zeta_4 b_{10} + \zeta_5 b_{18} = 0,$$
$$C_2 = \zeta_1 b_{16} + \zeta_2 b_{13} + \zeta_3 b_5 + \zeta_4 b_8 + \zeta_5 b_{14} = 0,$$
$$C_3 = \zeta_1 b_{18} + \zeta_2 b_{15} + \zeta_3 b_{14} + \zeta_4 b_{17} + \zeta_5 b_6 = 0,$$
$$C_4 = \eta_1 b_2 + \eta_2 b_8 + \eta_3 b_{17} + \eta_4 b_{11} + \eta_5 b_{10} = 0,$$
$$C_5 = \eta_1 b_{17} + \eta_2 b_{14} + \eta_3 b_6 + \eta_4 b_9 + \eta_5 b_{18} = 0,$$
$$C_6 = \eta_1 b_{10} + \eta_2 b_{16} + \eta_3 b_{18} + \eta_4 b_{12} + \eta_5 b_1 = 0. \tag{6.45}$$

为了得到用 B 网系数 $b_1, b_2, \cdots, b_{15}$ 表示的 b_{16}, b_{17}, b_{18}, 需要三个线性无关的方程组.

(1) 由 $C_1 = C_4 = C_6 = 0$, 得到

$$(b_{16}, b_{17}, b_{18})^{\mathrm{T}} = -\boldsymbol{A}_1^{-1}\boldsymbol{A}_2(b_1, b_2, \cdots, b_{15})^{\mathrm{T}}, \tag{6.46}$$

其中

$$\boldsymbol{A}_1 = \begin{bmatrix} \zeta_3 & 0 & \zeta_5 \\ 0 & \eta_3 & 0 \\ \eta_2 & 0 & \eta_3 \end{bmatrix},$$

$$\boldsymbol{A}_2 = \begin{bmatrix} \zeta_1 & 0 & 0 & 0 & 0 & 0 & \zeta_2 & 0 & 0 & \zeta_4 & 0 & 0 & 0 & 0 & 0 \\ 0 & \eta_1 & 0 & 0 & 0 & 0 & 0 & \eta_2 & 0 & \eta_5 & \eta_4 & 0 & 0 & 0 & 0 \\ \eta_5 & 0 & 0 & 0 & 0 & 0 & 0 & 0 & \eta_1 & 0 & \eta_4 & 0 & 0 & 0 \end{bmatrix}. \tag{6.47}$$

求解上述包含 18 个未知量 $b_1, \cdots, b_{18}$ 的三个方程组, 可以得到 15 个线性无关的解向量 $\boldsymbol{b}^{(i)} = \{b_j^{(i)}\}_{j=1}^{18}$ $(i = 1, \cdots, 15)$, 由下列 15×18 矩阵给出

$$\begin{bmatrix} \boldsymbol{b}^{(1)} \\ \boldsymbol{b}^{(2)} \\ \vdots \\ \boldsymbol{b}^{(15)} \end{bmatrix} = [\boldsymbol{I} \mid \boldsymbol{A}], \tag{6.48}$$

其中子矩阵 $\boldsymbol{I}$ 为 15×15 单位矩阵, $\boldsymbol{A} = -(\boldsymbol{A}_1^{-1}\boldsymbol{A}_2)^{\mathrm{T}}$ 为 15×3 子矩阵.

(2) 通过 $C_2 = C_3 = C_5 = 0$, 得到

$$(b_{16}, b_{17}, b_{18})^{\mathrm{T}} = -\boldsymbol{A}_3^{-1}\boldsymbol{A}_4(b_1, b_2, \cdots, b_{15})^{\mathrm{T}}, \tag{6.49}$$

其中

$$\boldsymbol{A}_3 = \begin{bmatrix} \zeta_1 & 0 & 0 \\ 0 & \zeta_4 & \zeta_1 \\ 0 & \eta_1 & \eta_5 \end{bmatrix},$$

$$\boldsymbol{A}_4 = \begin{bmatrix} 0 & 0 & 0 & 0 & \zeta_3 & 0 & 0 & \zeta_4 & 0 & 0 & 0 & 0 & \zeta_2 & \zeta_5 & 0 \\ 0 & 0 & 0 & 0 & 0 & \zeta_5 & 0 & 0 & 0 & 0 & 0 & 0 & 0 & \zeta_3 & \zeta_2 \\ 0 & 0 & 0 & 0 & 0 & \eta_3 & 0 & 0 & \eta_4 & 0 & 0 & 0 & 0 & \eta_2 & 0 \end{bmatrix}. \tag{6.50}$$

类似地, 可以再得到 15 个线性无关的解向量 $\boldsymbol{b}^{(i)} = \{b_j^{(i)}\}_{j=1}^{18}$ $(i = 1, \cdots, 15)$, 由下列 15×18 矩阵给出

$$\begin{bmatrix} \boldsymbol{b}^{(1)} \\ \boldsymbol{b}^{(2)} \\ \vdots \\ \boldsymbol{b}^{(15)} \end{bmatrix} = [\,\boldsymbol{I} \mid \boldsymbol{B}\,], \tag{6.51}$$

其中子矩阵 $\boldsymbol{I}$ 为 15×15 单位矩阵, $\boldsymbol{B} = -(\boldsymbol{A}_3^{-1}\boldsymbol{A}_4)^{\mathrm{T}}$ 为 15×3 子矩阵.

现在, 定义 15 个 2 次样条基函数 S_i $(i = 1, \cdots, 15)$, 可以令每个基函数的 B 网系数分别为 $\boldsymbol{b}^{(i)}$ (式 (6.48) 或式 (6.51)), 或两者的平均值. 本节中选择式 (6.48) 和式 (6.51) 的平均值, 即

$$\begin{bmatrix} \boldsymbol{b}^{(1)} \\ \boldsymbol{b}^{(2)} \\ \vdots \\ \boldsymbol{b}^{(15)} \end{bmatrix} = \left[\boldsymbol{I} \;\middle|\; \frac{1}{2}(\boldsymbol{A} + \boldsymbol{B})\right]. \tag{6.52}$$

容易验证这 15 个 B 网系数向量的和满足 $\sum_{i=1}^{15} \boldsymbol{b}^{(i)} = \{1, 1, \cdots, 1\}$. 因此 15 个样条基函数 S_i $(i = 1, \cdots, 15)$ 满足单位分解性:

$$\sum_{i=1}^{15} S_i = 1. \tag{6.53}$$

每个样条基函数限制在 3 个子四面体上的多项式可以由相应的 B 网系数表示. 记每一个四面体 Δ_k 的体积坐标为 $(\lambda_{k,1}, \lambda_{k,2}, \lambda_{k,3}, \lambda_{k,4})$, 记相应 2 次 Bernstein 多项式为 $\boldsymbol{B}_k^{(2)}$ $(k = 1, 2, 3)$. 则分片多项式 L_i 限制在每个四面体 Δ_k 上的表达式为

$$\begin{cases} S_i|_{\Delta_1} = \boldsymbol{B}_1^{(2)} \cdot (b_6^{(i)}, b_{18}^{(i)}, b_{15}^{(i)}, b_{14}^{(i)}, b_1^{(i)}, b_7^{(i)}, b_{16}^{(i)}, b_4^{(i)}, b_{13}^{(i)}, b_5^{(i)})^{\mathrm{T}}, \\ S_i|_{\Delta_2} = \boldsymbol{B}_2^{(2)} \cdot (b_6^{(i)}, b_{18}^{(i)}, b_{14}^{(i)}, b_{17}^{(i)}, b_1^{(i)}, b_{16}^{(i)}, b_{10}^{(i)}, b_5^{(i)}, b_8^{(i)}, b_2^{(i)})^{\mathrm{T}}, \\ S_i|_{\Delta_3} = \boldsymbol{B}_3^{(2)} \cdot (b_6^{(i)}, b_{18}^{(i)}, b_{17}^{(i)}, b_9^{(i)}, b_1^{(i)}, b_{10}^{(i)}, b_{12}^{(i)}, b_2^{(i)}, b_{11}^{(i)}, b_3^{(i)})^{\mathrm{T}}. \end{cases} \quad (6.54)$$

通过下面的线性变换, 可以得到另一组插值于点 $P_i = (x_i, y_i, z_i)$ $(i = 1, 2, \cdots, 15)$ 的样条基函数 $N_1(x, y, z), \cdots, N_{15}(x, y, z)$,

$$\begin{aligned} & N_1 = S_1 - \frac{1}{2}(S_7 + S_{10} + S_{12}), \quad N_2 = S_2 - \frac{1}{2}(S_8 + S_{10} + S_{11}), \\ & N_3 = S_3 - \frac{1}{2}(S_9 + S_{11} + S_{12}), \quad N_4 = S_4 - \frac{1}{2}(S_7 + S_{13} + S_{15}), \\ & N_5 = S_5 - \frac{1}{2}(S_8 + S_{13} + S_{14}), \quad N_6 = S_6 - \frac{1}{2}(S_9 + S_{14} + S_{15}), \\ & N_7 = 2S_7, \; N_8 = 2S_8, \cdots, N_{15} = 2S_{15}. \end{aligned} \quad (6.55)$$

则有

$$\sum_{i=1}^{15} N_i \equiv 1, \quad N_i(P_j) = \delta_{i,j}, \; i, j = 1, 2, \cdots, 15, \quad (6.56)$$

其中 $P_1, \cdots, P_{15}$ 为如图 6.13(b) 所示的节点.

简而言之, 对给定的三棱柱单元, 我们只需知道 6 个节点的直角坐标 $P_1 = (x_1, y_1, z_1), \cdots, P_6 = (x_6, y_6, z_6)$, 通过式 (6.44), (6.47), (6.50), (6.52) 和 (6.55), 即可得 15 个样条插值基函数 $N_1, N_2, \cdots, N_{15}$. 则定义在三棱柱上的任意 2 次样条函数 s 可由它在 15 个插值节点 (域点) 上的函数值唯一确定:

$$s = \sum_{i=1}^{15} s(P_i)N_i. \quad (6.57)$$

由 $N_1, N_2, \cdots, N_{15}$ 作为形状函数的 15 节点三棱柱样条单元记为 TPS15, 由节点位移决定的位移场可表示为

$$\begin{cases} u = \sum_{i=1}^{15} u_i N_i, \\ v = \sum_{i=1}^{15} v_i N_i, \\ w = \sum_{i=1}^{15} w_i N_i. \end{cases} \quad (6.58)$$

三棱柱的单元刚度矩阵 $\boldsymbol{K}$ 可以通过每个四面体单元 Δ_k $(k = 1, 2, 3)$ 上的刚度矩阵 $\boldsymbol{K}_k$ 相加得到. 此后关于有限元的计算与通常三棱柱单元的列式一致. 由

TPS15 单元的插值性质 (6.56), 两个相邻单元退化到公共边界上只和该边界的位移有关, 所以相邻单元在公共边界上是 C^0 连续的, 满足协调性. 进一步, TPS15 单元在直角坐标系中有 2 阶完备性. 通过验证二次多项式 $1, x, y, z, \cdots, x^2, \cdots, z^2$, 有如下的定理.

定理 6.3 设 D 是任意的三棱柱单元 $P_1 \cdots P_6$, $N_1(x,y,z), \cdots, N_{15}(x,y,z)$ 是由式 (6.52) 和式 (6.55) 定义的 B 网系数对应的样条插值基函数, 定义插值算子如下

$$(Nf)(x,y,z) := \sum_{i=1}^{15} f(P_i)N_i(x,y,z), \tag{6.59}$$

则对所有的 $f(x,y,z) \in \mathbb{P}_2$, 有

$$(Nf)(x,y,z) \equiv f(x,y,z), \quad (x,y,z) \in D.$$

下面给出两个三棱柱上的样条插值基函数 B 网表示的例子.

(1) 令一个规则三棱柱的 6 个节点为 $P_1 = (0,0,0)$, $P_2 = (1,0,0)$, $P_3 = (0,1,0)$, $P_4 = (0,0,1)$, $P_5 = (1,0,1)$, $P_6 = (0,1,1)$, 此三棱柱有 3 个矩形边界面. 由式 (6.44), (6.47), (6.50), (6.52) 和 (6.55), 可以得到相应于基函数 $N_1, N_2, \cdots, N_{15}$ 的 15 个 B 网系数组成的行向量, 记为 $\boldsymbol{N}_1^b, \boldsymbol{N}_2^b, \cdots, \boldsymbol{N}_{15}^b$,

$$
\begin{bmatrix} \boldsymbol{N}_1^b \\ \boldsymbol{N}_2^b \\ \boldsymbol{N}_3^b \\ \boldsymbol{N}_4^b \\ \boldsymbol{N}_5^b \\ \boldsymbol{N}_6^b \\ \boldsymbol{N}_7^b \\ \boldsymbol{N}_8^b \\ \boldsymbol{N}_9^b \\ \boldsymbol{N}_{10}^b \\ \boldsymbol{N}_{11}^b \\ \boldsymbol{N}_{12}^b \\ \boldsymbol{N}_{13}^b \\ \boldsymbol{N}_{14}^b \\ \boldsymbol{N}_{15}^b \end{bmatrix}
=
\begin{bmatrix}
1&0&0&0&0&0&-\frac12&0&0&-\frac12&0&-\frac12&0&0&0&-1&0&-1\\
0&1&0&0&0&0&0&-\frac12&0&-\frac12&-\frac12&0&0&0&0&-\frac12&-1&0\\
0&0&1&0&0&0&0&0&-\frac12&0&-\frac12&-\frac12&0&0&0&0&-\frac12&-\frac12\\
0&0&0&1&0&0&-\frac12&0&0&0&0&0&-\frac12&0&-\frac12&-\frac12&0&-\frac12\\
0&0&0&0&1&0&0&-\frac12&0&0&0&0&-\frac12&-\frac12&0&-1&-\frac12&0\\
0&0&0&0&0&1&0&0&-\frac12&0&0&0&-\frac12&-\frac12&0&-1&-\frac12&0\\
0&0&0&0&0&0&0&-\frac12&0&0&0&0&-\frac12&-\frac12&0&-1&-1&0\\
0&0&0&0&0&0&0&0&-\frac12&0&0&0&-\frac12&-\frac12&0&-1&-1&0\\
0&0&0&0&0&0&2&0&0&0&0&0&0&0&0&1&0&1\\
0&0&0&0&0&0&0&2&0&0&0&0&0&0&0&1&1&0\\
0&0&0&0&0&0&0&0&2&0&0&0&0&0&0&1&1&1\\
0&0&0&0&0&0&0&0&0&2&0&0&0&0&0&0&1&0\\
0&0&0&0&0&0&0&0&0&0&2&0&0&0&0&0&0&1\\
0&0&0&0&0&0&0&0&0&0&0&2&0&0&0&1&0&0\\
0&0&0&0&0&0&0&0&0&0&0&0&2&0&0&0&1&0
\end{bmatrix}
$$

$$\tag{6.60}$$

类似于矩阵 (6.12) 是四面体 10 个域点的 B 网系数与函数值之间的转换矩阵, 这里给出三棱柱上 18 个域点的 B 网系数与函数值之间的转换矩阵, 用 T 表示,

$$T=\begin{bmatrix}
1 & 0 & 0 & 0 & 0 & 0 & \frac14 & 0 & 0 & \frac14 & 0 & \frac14 & 0 & 0 & 0 & \frac14 & 0 & \frac14 \\
0 & 1 & 0 & 0 & 0 & 0 & 0 & \frac14 & 0 & \frac14 & \frac14 & 0 & 0 & 0 & 0 & 0 & \frac14 & 0 \\
0 & 0 & 1 & 0 & 0 & 0 & 0 & 0 & 0 & \frac14 & 0 & \frac14 & \frac14 & 0 & 0 & 0 & 0 & 0 \\
0 & 0 & 0 & 1 & 0 & 0 & \frac14 & 0 & 0 & 0 & 0 & 0 & \frac14 & 0 & \frac14 & 0 & 0 & 0 \\
0 & 0 & 0 & 0 & 1 & 0 & 0 & \frac14 & 0 & 0 & 0 & 0 & \frac14 & \frac14 & 0 & \frac14 & 0 & 0 \\
0 & 0 & 0 & 0 & 0 & 1 & 0 & 0 & \frac14 & 0 & 0 & 0 & 0 & \frac14 & \frac14 & 0 & \frac14 & \frac14 \\
0 & 0 & 0 & 0 & 0 & 0 & \frac12 & 0 & 0 & 0 & 0 & 0 & 0 & 0 & 0 & 0 & 0 & 0 \\
0 & 0 & 0 & 0 & 0 & 0 & 0 & \frac12 & 0 & 0 & 0 & 0 & 0 & 0 & 0 & 0 & 0 & 0 \\
0 & 0 & 0 & 0 & 0 & 0 & 0 & 0 & \frac12 & 0 & 0 & 0 & 0 & 0 & 0 & 0 & 0 & 0 \\
0 & 0 & 0 & 0 & 0 & 0 & 0 & 0 & 0 & \frac12 & 0 & 0 & 0 & 0 & 0 & 0 & 0 & 0 \\
0 & 0 & 0 & 0 & 0 & 0 & 0 & 0 & 0 & 0 & \frac12 & 0 & 0 & 0 & 0 & 0 & 0 & 0 \\
0 & 0 & 0 & 0 & 0 & 0 & 0 & 0 & 0 & 0 & 0 & \frac12 & 0 & 0 & 0 & 0 & 0 & 0 \\
0 & 0 & 0 & 0 & 0 & 0 & 0 & 0 & 0 & 0 & 0 & 0 & \frac12 & 0 & 0 & 0 & 0 & 0 \\
0 & 0 & 0 & 0 & 0 & 0 & 0 & 0 & 0 & 0 & 0 & 0 & 0 & \frac12 & 0 & 0 & 0 & 0 \\
0 & 0 & 0 & 0 & 0 & 0 & 0 & 0 & 0 & 0 & 0 & 0 & 0 & 0 & \frac12 & 0 & 0 & 0 \\
0 & 0 & 0 & 0 & 0 & 0 & 0 & 0 & 0 & 0 & 0 & 0 & 0 & 0 & 0 & \frac12 & 0 & 0 \\
0 & 0 & 0 & 0 & 0 & 0 & 0 & 0 & 0 & 0 & 0 & 0 & 0 & 0 & 0 & 0 & \frac12 & 0 \\
0 & 0 & 0 & 0 & 0 & 0 & 0 & 0 & 0 & 0 & 0 & 0 & 0 & 0 & 0 & 0 & 0 & \frac12
\end{bmatrix}. \quad (6.61)$$

由此得到 18 个域点处的函数值组成的 15 个行向量, 记为 $N_1^f, N_2^f, \cdots, N_{15}^f$ (相应

于基函数 $N_1, N_2, \cdots, N_{15}$),

$$
\begin{bmatrix} N_1^f \\ N_2^f \\ N_3^f \\ N_4^f \\ N_5^f \\ N_6^f \\ N_7^f \\ N_8^f \\ N_9^f \\ N_{10}^f \\ N_{11}^f \\ N_{12}^f \\ N_{13}^f \\ N_{14}^f \\ N_{15}^f \end{bmatrix}
=
\begin{bmatrix} N_1^b \\ N_2^b \\ N_3^b \\ N_4^b \\ N_5^b \\ N_6^b \\ N_7^b \\ N_8^b \\ N_9^b \\ N_{10}^b \\ N_{11}^b \\ N_{12}^b \\ N_{13}^b \\ N_{14}^b \\ N_{15}^b \end{bmatrix}
\cdot T =
\begin{bmatrix}
1 & 0 & 0 & 0 & 0 & 0 & 0 & 0 & 0 & 0 & 0 & 0 & 0 & 0 & 0 & -\frac{1}{4} & 0 & -\frac{1}{4} \\
0 & 1 & 0 & 0 & 0 & 0 & 0 & 0 & 0 & 0 & 0 & 0 & 0 & 0 & 0 & -\frac{1}{4} & -\frac{1}{4} & 0 \\
0 & 0 & 1 & 0 & 0 & 0 & 0 & 0 & 0 & 0 & 0 & 0 & 0 & 0 & 0 & 0 & -\frac{1}{4} & -\frac{1}{4} \\
0 & 0 & 0 & 1 & 0 & 0 & 0 & 0 & 0 & 0 & 0 & 0 & 0 & 0 & 0 & -\frac{1}{4} & 0 & -\frac{1}{4} \\
0 & 0 & 0 & 0 & 1 & 0 & 0 & 0 & 0 & 0 & 0 & 0 & 0 & 0 & 0 & -\frac{1}{4} & -\frac{1}{4} & 0 \\
0 & 0 & 0 & 0 & 0 & 1 & 0 & 0 & 0 & 0 & 0 & 0 & 0 & 0 & 0 & 0 & -\frac{1}{4} & -\frac{1}{4} \\
0 & 0 & 0 & 0 & 0 & 0 & 1 & 0 & 0 & 0 & 0 & 0 & 0 & 0 & 0 & \frac{1}{2} & 0 & \frac{1}{2} \\
0 & 0 & 0 & 0 & 0 & 0 & 0 & 1 & 0 & 0 & 0 & 0 & 0 & 0 & 0 & \frac{1}{2} & \frac{1}{2} & 0 \\
0 & 0 & 0 & 0 & 0 & 0 & 0 & 0 & 1 & 0 & 0 & 0 & 0 & 0 & 0 & 0 & \frac{1}{2} & \frac{1}{2} \\
0 & 0 & 0 & 0 & 0 & 0 & 0 & 0 & 0 & 1 & 0 & 0 & 0 & 0 & 0 & \frac{1}{2} & 0 & 0 \\
0 & 0 & 0 & 0 & 0 & 0 & 0 & 0 & 0 & 0 & 1 & 0 & 0 & 0 & 0 & 0 & \frac{1}{2} & 0 \\
0 & 0 & 0 & 0 & 0 & 0 & 0 & 0 & 0 & 0 & 0 & 1 & 0 & 0 & 0 & 0 & 0 & \frac{1}{2} \\
0 & 0 & 0 & 0 & 0 & 0 & 0 & 0 & 0 & 0 & 0 & 0 & 1 & 0 & 0 & \frac{1}{2} & 0 & 0 \\
0 & 0 & 0 & 0 & 0 & 0 & 0 & 0 & 0 & 0 & 0 & 0 & 0 & 1 & 0 & 0 & \frac{1}{2} & 0 \\
0 & 0 & 0 & 0 & 0 & 0 & 0 & 0 & 0 & 0 & 0 & 0 & 0 & 0 & 1 & 0 & 0 & \frac{1}{2}
\end{bmatrix}. \tag{6.62}
$$

　　显然, 每一个基函数在各个节点的函数值 $\{N_i(P_j)\}_{i,j=1,2,\cdots,15}$ 组成的子矩阵为单位矩阵. 表明定义在该三棱柱上的任意 2 次样条函数 s 可由它在 15 个插值节点 (域点) 上的函数值唯一确定, 即

$$
s = \sum_{i=1}^{15} s(P_i) N_i.
$$

　　另外, 我们看到矩阵 (6.62) 中只有 $N_1, N_2, N_4, N_5, N_7, N_8, N_{10}, N_{13}$ 在域点 P_{16} 的函数值不为 0. 即函数值 $s(P_{16})$ 可由在同一面 $P_1P_2P_5P_4$ 的 8 个边界函数值 $s(P_1), s(P_2), s(P_4), s(P_5), s(P_7), s(P_8), s(P_{10})$ 和 $s(P_{13})$ 唯一确定. 类似地, 其他两个

函数值 $s(P_{17})$ 或 $s(P_{18})$ 可由在同一面 $P_2P_3P_6P_5$ 或 $P_3P_1P_4P_6$ 的 8 个边界函数值分别唯一确定. 这意味着样条函数 s 在两个相邻的四面体单元的公共面节点上有相同的函数值, 所以 15 节点的三棱柱单元是协调的.

(2) 上面 (1) 中的性质对有 3 个平行四边形边界面 ($P_1P_4P_5P_2$, $P_2P_5P_6P_3$ 和 $P_3P_6P_4P_1$) 的三棱柱单元依然成立. 这种情况下容易验证式 (6.44) 中的常量有下面的性质:

$$\zeta_5 = \mathrm{Det}(1,4,5,2) = 0, \quad \eta_5 = \mathrm{Det}(2,5,6,3) = 0, \quad \zeta_3\eta_1 = \zeta_4\eta_2. \tag{6.63}$$

通过类似的计算, 得到样条基函数的域点函数值组成的 15 个行向量:

$$\begin{bmatrix} \boldsymbol{N}_1^f \\ \boldsymbol{N}_2^f \\ \boldsymbol{N}_3^f \\ \boldsymbol{N}_4^f \\ \boldsymbol{N}_5^f \\ \boldsymbol{N}_6^f \\ \boldsymbol{N}_7^f \\ \boldsymbol{N}_8^f \\ \boldsymbol{N}_9^f \\ \boldsymbol{N}_{10}^f \\ \boldsymbol{N}_{11}^f \\ \boldsymbol{N}_{12}^f \\ \boldsymbol{N}_{13}^f \\ \boldsymbol{N}_{14}^f \\ \boldsymbol{N}_{15}^f \end{bmatrix} = \begin{bmatrix} 1\,0\,0\,0\,0\,0\,0\,0\,0\,0\,0\,0\,0\,0 & \frac{1}{8}-\frac{3\zeta_1}{8\zeta_3} & 0 & \frac{1}{8}+\frac{3\zeta_1\eta_2}{8\zeta_3\eta_3} \\ 0\,1\,0\,0\,0\,0\,0\,0\,0\,0\,0\,0\,0\,0 & \frac{(\zeta_1+\zeta_3)\zeta_4}{8\zeta_1\zeta_3} & \frac{1}{8}-\frac{3\eta_1}{8\eta_3} & 0 \\ 0\,0\,1\,0\,0\,0\,0\,0\,0\,0\,0\,0\,0\,0 & 0 & \frac{(\eta_1+\eta_3)\eta_4}{8\eta_1\eta_3} & \frac{\eta_4}{8}\left(\frac{1}{\eta_3}-\frac{\zeta_4}{\zeta_1\eta_1}\right) \\ 0\,0\,0\,1\,0\,0\,0\,0\,0\,0\,0\,0\,0\,0 & \frac{(\zeta_1+\zeta_3)\zeta_2}{8\zeta_1\zeta_3} & 0 & \frac{\zeta_2}{8}\left(\frac{1}{\zeta_1}-\frac{\eta_2}{\zeta_3\eta_3}\right) \\ 0\,0\,0\,0\,1\,0\,0\,0\,0\,0\,0\,0\,0\,0 & \frac{1}{8}-\frac{3\zeta_3}{8\zeta_1} & \frac{(\eta_1+\eta_3)\eta_2}{8\eta_1\eta_3} & 0 \\ 0\,0\,0\,0\,0\,1\,0\,0\,0\,0\,0\,0\,0\,0 & 0 & \frac{1}{8}-\frac{3\eta_3}{8\eta_1} & \frac{1}{8}+\frac{3\zeta_4\eta_3}{8\zeta_1\eta_1} \\ 0\,0\,0\,0\,0\,0\,1\,0\,0\,0\,0\,0\,0\,0 & -\frac{\zeta_2}{2\zeta_3} & 0 & \frac{\zeta_2\eta_2}{2\zeta_3\eta_3} \\ 0\,0\,0\,0\,0\,0\,0\,1\,0\,0\,0\,0\,0\,0 & -\frac{\zeta_4}{2\zeta_1} & -\frac{\eta_2}{2\eta_3} & 0 \\ 0\,0\,0\,0\,0\,0\,0\,0\,1\,0\,0\,0\,0\,0 & 0 & -\frac{\eta_4}{2\eta_1} & \frac{\zeta_4\eta_4}{2\zeta_1\eta_1} \\ 0\,0\,0\,0\,0\,0\,0\,0\,0\,1\,0\,0\,0\,0 & -\frac{\zeta_4}{2\zeta_3} & 0 & 0 \\ 0\,0\,0\,0\,0\,0\,0\,0\,0\,0\,1\,0\,0\,0 & 0 & -\frac{\eta_4}{2\eta_3} & 0 \\ 0\,0\,0\,0\,0\,0\,0\,0\,0\,0\,0\,1\,0\,0 & 0 & 0 & -\frac{\eta_4}{2\eta_3} \\ 0\,0\,0\,0\,0\,0\,0\,0\,0\,0\,0\,0\,1\,0 & -\frac{\zeta_2}{2\zeta_1} & 0 & 0 \\ 0\,0\,0\,0\,0\,0\,0\,0\,0\,0\,0\,0\,0\,1\,0 & 0 & -\frac{\eta_2}{2\eta_1} & 0 \\ 0\,0\,0\,0\,0\,0\,0\,0\,0\,0\,0\,0\,0\,1 & 0 & 0 & -\frac{\zeta_2}{2\zeta_1} \end{bmatrix}$$

$$\tag{6.64}$$

可以看到, 矩阵 (6.64) 与 (6.62) 有相同位置的 0 元素, 也说明该样条在两个相邻的四面体单元的公共面节点上有相同的函数值, 所以该三棱柱单元也是协调的. 进一步由此性质, 当三棱柱 15 节点样条单元与六面体 21 节点样条单元 HS21 混合使用时, 也能保证协调性.

6.6   三棱柱单元数值算例

在这一节中, 通过一些算例来测试三棱柱样条单元 TPS15 (包含混合六面体样条单元 HS21) 的性能, 并与 Serendipity 型等参三棱柱单元 TP15 和六面体单元 H20 进行对比.

例 6.8   分片检验.

图 6.14 为一被任意网格划分的块体. 节点坐标为

$$
\begin{aligned}
& A_1 = (0, 1, 1), \quad A_2 = (-1, -1, 1), \quad A_3 = (1, -1, 1), \\
& A_4 = (1, 2, 1), \quad A_5 = (-1, 2, 1), \\
& A_6 = (-2, -1, 1), \quad A_7 = (-1.5, -2, 1), \\
& A_8 = (1.5, -2, 1), \quad A_9 = (2, -1, 1); \\
& A_i = A_{i-9} - (0, 0, 1), \quad i = 10, 11, \cdots, 18; \\
& A_i = A_{i-18} - (0, 0, 2), \quad i = 19, 11, \cdots, 27.
\end{aligned}
\tag{6.65}
$$

在图 6.14(a) 中, 块体被分成 20 个三棱柱单元 (用网格 (a) 表示). 第一层网格如图 6.14(c) 所示, 内部节点为 A_{10}, A_{11}, A_{12}. 在网格 (a) 中, 所有三棱柱都是标准形状, 即所有面都是三角形或矩形. 通过改变 $A_{10} = (0, 1, 0.6)$, $A_{11} = (-1, -1, -0.3)$, 网格中就有几个内部四边形, 这个修改后的网格用网格 (a)' 表示. 这样, 10 个三棱柱单元的次序为: $E_1 = \{1, 2, 3, 10, 11, 12\}$; $E_2 = \{1, 4, 5, 10, 13, 14\}$; $E_3 = \{2, 6, 7, 11, 15, 16\}$; $E_4 = \{8, 3, 9, 17, 12, 18\}$; $E_5 = \{1, 5, 2, 10, 14, 11\}$; $E_6 = \{5, 2, 6, 14, 11, 15\}$; $E_7 = \{2, 7, 3, 11, 16, 12\}$; $E_8 = \{7, 8, 3, 16, 17, 12\}$; $E_9 = \{1, 3, 9, 10, 12, 18\}$; $E_{10} = \{1, 4, 9, 10, 13, 18\}$; $E_i = E_{i-10} + \{9, 9, \cdots, 9\}, i = 11, 12, \cdots, 20$.

进一步, 为了测试三棱柱混合六面体单元的性能, 采用图 6.14(b). 其中块体被剖分为 8 个三棱柱单元和 6 个六面体单元 (用网格 (b) 表示). 第一层网格如图 6.14(d) 所示, 所有的节点与网格 (a) 一致. 14 个混合单元的次序为: $E_1 = \{1, 2, 3, 10, 11, 12\}$; $E_2 = \{1, 4, 5, 10, 13, 14\}$; $E_3 = \{2, 6, 7, 11, 15, 16\}$; $E_4 = \{3, 8, 9, 12, 17, 18\}$; $E_5 = \{1, 2, 11, 10, 5, 6, 15, 14\}$; $E_6 = \{2, 3, 12, 11, 7, 8, 17, 16\}$; $E_7 = \{1, 10, 12, 3, 4, 13, 18, 9\}$; $E_i = E_{i-7} + \{9, 9, \cdots, 9\}, i = 8, 9, \cdots, 14$.

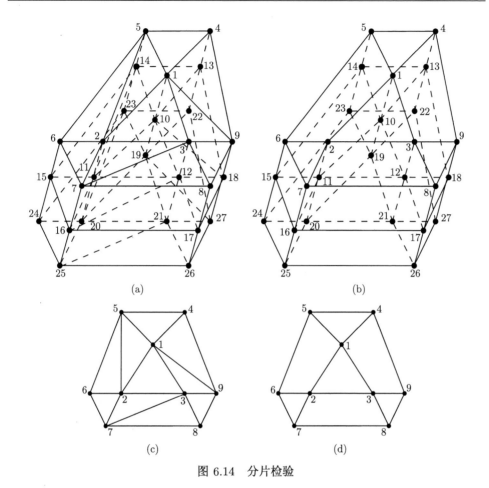

图 6.14 分片检验

令 $E = 10^6$ 和 $\nu = 0.25$, 任意选择如下两个 1 次和 2 次位移函数满足应力平衡方程:

$$\begin{cases} u = (2x + y + z)/2, \\ v = (x + 2y + z)/2, \\ w = (x + y + 2z)/2; \end{cases} \tag{6.66}$$

$$\begin{cases} u = (2x + y + z)/2 + (x^2 - 3y^2), \\ v = (x + 2y + z)/2 + (y^2 - 3x^2), \\ w = (x + y + 2z)/2 + (z^2 - 3x^2). \end{cases} \tag{6.67}$$

通过计算, 对于样条单元 TPS15, 刚度矩阵有 6 个零特征值, 使得该单元正确地表示了 6 个刚体模态, 不含伪零能量模态.

对两个给定的位移场 (6.66) 和 (6.67) 进行测试. 表 6.7 显示了分片检验中内部节点的最大误差. 通过网格 (a) 和网格 (a)' 的计算结果, 表明了 Serendipity 单元 TP15 只具有 1 阶完备性, 样条单元 TPS15 具有 2 阶完备性. 在网格 (b) 的结果中, 两个混合 Serendipity 单元 TP15+H20 只具有 1 阶完备性, 两个样条单元 TPS15+HS21 具有 2 阶完备性, 数值实验结果与定理 6.3 是一致的.

表 6.7　分片检验中内部节点的最大误差(图 6.14)

网格	单元	1 次位移函数式 (6.66)	2 次位移函数式 (6.67)
网格 (a)	TPS15	5.00E(-14)	1.76E(-13)
	TP15	2.24E(-13)	5.95E(-13)
网格 (a)'	TPS15	2.14E(-13)	7.43E(-13)
	TP15	2.09E(-12)	0.0336
网格 (b)	TPS15+HS21	2.43E(-13)	8.24E(-13)
	TP15+H20	2.25E(-13)	0.1973

例 6.9　(1) 短梁的弯曲和剪切问题. 如图 6.15 所示, 网格 (a) 中悬臂短梁被剖分为 3 个三棱柱单元, 网格 (b) 中被剖分为 1 个六面体单元和 2 个三棱柱单元, 关于梁弯曲和剪切的数值结果见表 6.8.

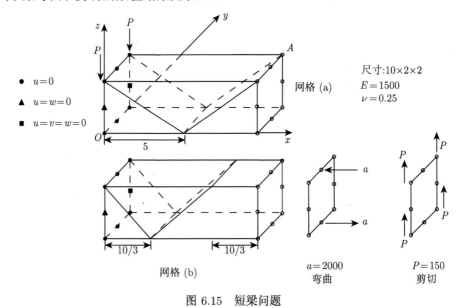

图 6.15　短梁问题

(2) 细长悬臂梁. 图 6.16 显示了一根细长梁, 长度为 $L = 100$, 宽度为 $d = 1$, 在自由端受一弯矩或剪切力作用. 网格 (a) 中, 长梁被剖分为 4 个三棱柱单元, 网格 (b) 中被剖分为 1 个六面体单元和 3 个三棱柱单元, 数值结果见表 6.8.

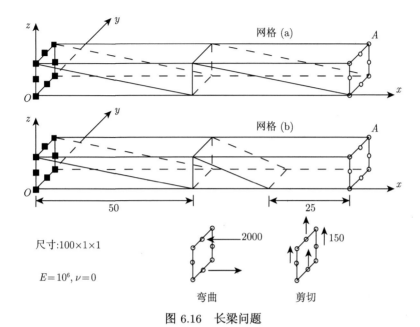

图 6.16 长梁问题

(3) 曲梁. 图 6.17 显了一个曲梁内半径为 $R = 4.12$, 宽度为 $b = 0.1$, 厚度为 $h = 0.2$, 弹性常数为 $E = 10^7$ 和 $\nu = 0.25$. 一端固定, 另一端受单位力作用. 图 6.17 网格 (a) 中曲梁被剖分为 12 个三棱柱单元, 网格 (b) 中被剖分为 3 个六面体单元 和 6 个三棱柱单元, 数值结果见表 6.8.

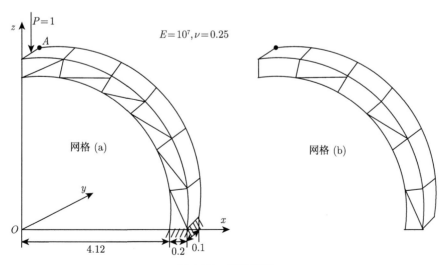

图 6.17 曲梁问题

表 6.8　各种梁问题中点 A 处的挠度 w_A（图 6.15—图 6.17）

单元	短梁		长梁		曲梁
	弯曲	剪切	弯曲	剪切	剪切
TPS15	100.37	87.76	120.00	2250.39	0.08617
TP15	100.29	87.37	120.00	2250.36	0.08666
TPS15+HS21	100.49	93.99	120.00	2250.48	0.08613
TP15+H20	95.30	88.95	90.06	2025.99	0.08692
参考解	100.00	102.60	120.00	2400.00	0.08734

从结果可以看到, 在大部分情况下, 样条单元 TPS15+HS21 比 Serendipity 单元 TP15+H20 有更好的性能.

例 6.10　网格畸变的敏度实验.

图 6.18 显示了一个悬臂梁在自由端受弯矩或剪切力作用. 将其剖分为 4 个三棱柱单元, 参数 e 表示网格畸变的程度. 数值结果如表 6.9 所示, 样条单元 TPS15 对网格畸变不敏感.

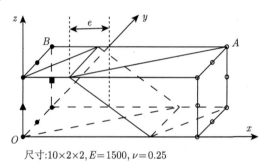

尺寸:10×2×2, $E=1500$, $\nu=0.25$

图 6.18　悬臂梁的网格畸变敏度实验

表 6.9　弯矩和剪力作用下的网格畸变敏度实验: 点 A 处的挠度 w_A（图 6.18）

	单元	$e=0$	$e=1$	$e=2$	$e=3$	$e=4$	$e=4.9$
	TPS15	100.20	100.12	100.11	100.12	100.12	100.03
弯曲	TP15	100.13	99.80	97.00	91.10	82.90	73.41
	参考解			100.00			
	单元	$e=0$	$e=1$	$e=2$	$e=3$	$e=4$	$e=4.9$
	TPS15	98.39	93.79	89.15	87.12	85.75	84.08
剪切	TP15	102.35	101.74	98.25	92.43	86.63	81.90
	参考解			102.60			

例 6.11　板的弯曲问题.

图 6.19 显示了一块方板在自由端受集中力作用. 第一种情况中, 方板被剖分为 4 个三棱柱单元. 第二种情况中, 方板被剖分为 2 个三棱柱单元 (左端) 和 1 个

六面体单元 (右端). 数值结果见表 6.10, 表明样条单元 TPS15+HS21 对分析薄板问题 $h/L = 0.01$ 结果更好.

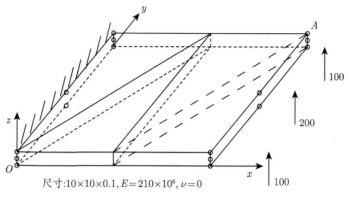

图 6.19 方板的弯曲问题

表 **6.10** 方板的挠度(图 6.19)

单元	w_A
TPS15	0.7284
TP15	0.7613
TPS15+HS21	0.7267
TP15+H20	0.7172
参考解	0.7619

例 6.12 不可压缩问题.

图 6.20(a) 和图 6.20(b) 显示了一个悬臂梁在自由端受集中力 $Q = 0.5$ 作用[36], 考虑三维应变条件. 与例 6.7 相同, 用各种 Poisson 比 $(0.25, 0.3, 0.49, 0.499, 0.499999, 0.49999999)$ 来检验单元性能. 第一种情况中, 方板被剖分为 4 个不规则三

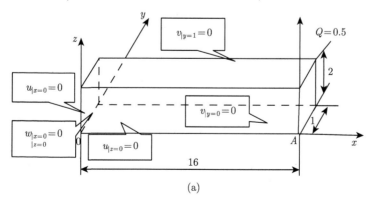

(a)

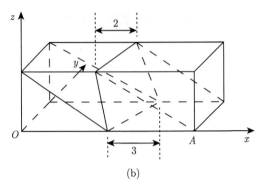

(b)

图 6.20　悬臂梁的形状和受力以及边界条件

棱柱单元. 第二种情况中, 梁被剖分为 2 个三棱柱单元 (左端) 和 1 个块体单元 (右端). 数值结果见表 6.11, 显示样条单元 TPS15+HS21 在分析不可压缩问题时可以得到比较精确的结果 $(\nu \to 0.5)$.

表 6.11　悬臂梁在各种 Poisson 比时得出的点 A 处的挠度 w_A (图 6.20(b))

ν	0.25	0.3	0.49	0.499	0.499999	0.49999999
TPS15	0.8854	0.8885	0.8844	0.8787	0.8717	0.8715
TP15	0.9087	0.9101	0.8856	0.8782	0.8772	0.8772
TPS15+HS21	0.8852	0.8881	0.8808	0.8740	0.8602	0.8598
TP15+H20	0.9206	0.9221	0.8823	0.7591	0.3188	0.3109
参考解			1.000			

6.7　本 章 小 结

在本章中, 基于四面体体积坐标和 B 网方法构造了 3 个三维样条单元: 六面体 21 节点样条单元、金字塔 13 节点样条单元和三棱柱 15 节点样条单元. 这三个单元有如下的性质:

(1) 满足单位分解性和节点插值性;

(2) 在直角坐标系下有 2 阶完备性, 对网格畸变不敏感;

(3) 没有区域变换, 无需 Jacobi 矩阵的相关计算, 可由 B 网系数精确计算单元刚度矩阵;

(4) 可以用来计算相当广范围的 Poisson 比问题 $(0.25 \sim 0.49999999)$.

数值计算结果显示了样条单元比等参单元的精度更高, 抗网格畸变的能力较好, 并且对不可压缩问题也可以得到很好的结果, 表明了采用样条插值基函数也是构造三维单元的一种有效方法.

参 考 文 献

[1] 王勖成. 有限单元法. 北京: 清华大学出版社, 2003.

[2] Zienkiewicz O C, Taylor R L. The Finite Element Method Vol.1. 5th ed. Singapore: Elsevier Pte. Itd., 2005.

[3] 石钟慈, 王鸣. 有限元方法. 北京: 科学出版社, 2010.

[4] Lee N S, Bathe K J. Effects of element distortion on the performance of isoparametric elements. Int. J. Numer. Methods Eng., 1993, 36(20): 3553-3576.

[5] 陈万吉. 一个高精度八结点六面体单元. 力学学报, 1982, 18(3): 262-271.

[6] 陈万吉. 精化直接刚度法与不协调模式. 计算结构力学及其应用, 1995, 12(2): 127-132.

[7] 陈万吉, 李勇东. 直角坐标架下的精化不协调元法. 大连理工大学学报, 1997, 37 (4): 371-375.

[8] 李勇东, 陈万吉. 精化不协调平面八节点元. 计算力学学报, 1997, 14(3): 276-285.

[9] 龙驭球, 龙志飞, 岑松. 新型有限元论. 北京: 清华大学出版社, 2004.

[10] Soh A K, Long Y Q, Cen S. Development of eight-node quadrilateral membrane elements using the area coordinates method. Comput. Mech., 2000, 25: 376-384.

[11] Cen S, Chen X M, Fu X R. Quadrilateral membrane element family formulated by the quadrilateral area coordinate method. Comput. Methods Appl. Mech. Eng., 2007, 196(41-44): 4337-4353.

[12] Schoenberg I J. Contribution to the problem of application of equidistant data by analytic functions. Quart. Appl. Math., 1946, 4(1-2): 45-99, 112-141.

[13] 王仁宏. 多元齿的结构与插值. 数学学报, 1975, 18(2): 91-106.

[14] 王仁宏, 施锡泉, 罗钟铉, 苏志勋. 多元样条函数及其应用. 北京: 科学出版社, 1994.

[15] Wang R H. Multivariate Spline Functions and Their Applications. Beijing/ New York/ Dordrecht/ Boston/ London: Science Press/ Kluwer Academic Publishers, 2001.

[16] Farin G. Triangular Bernstein-Bézier patches. Computer Aided Geometric Design, 1986, 3: 83-127.

[17] Fraeijs de Veubeke B. A conforming finite element for plate bending. Int. J. Solids Structure, 1968, 4: 95-108.

[18] 李崇君. 特殊三角剖分上的多元样条及其应用. 大连理工大学博士学位论文, 2004.

[19] Li C J, Wang R H. A new 8-node quadrilateral spline finite element. J. Comput. Appl. Math., 2006, 195: 54-65.

[20] Chen J, Li C J, Chen W J, A family of spline finite elements. Computers and Structures, 2010, 88: 718-727.

[21] Cook R D, Malkus D S, Plesha M E. Concepts and Applications of Finite Element Analysis. 3rd ed. New York: John Wiley & Sons Inc., 1989.

[22] MacNeal R H, Harder R L. A proposed standard set of problems to test finite element accuracy. Finite Elements Anal. Des., 1985, 1: 3-20.

[23] Edelsbrunner H. Geometry and Topology for Mesh Generation. New York: Cambridge University Press, 2001.

[24] 范亚玲, 张远高, 陆明万. 二维任意多边形有限单元. 力学学报, 1995, 27(6): 742-746.

[25] 王兆清. 多边形有限元研究进展. 力学进展, 2006, 36(3): 344-353.

[26] Sukumar N, Malsch E A. Recent advances in the construction of polygonal finite element interpolants. Arch. Comput. Meth. Engineering, 2006, 13(1): 129-163.

[27] Nguyen-Xuan H. A polygonal finite element method for plate analysis. Computers and Structures, 2017, 188: 45-62.

[28] Wachspress E L. A Rational Finite Element Basis. New York: Academic Press Inc., 1975.

[29] Floater M S. Mean value coordinates. Comp. Aided. Geom. Des., 2003, 20: 19-27.

[30] Sukumar N, Tabarraei A. Conforming polygonal finite elements. Int. J. Numer. Meth. Eng., 2004, 61(12): 2045-2066.

[31] Dai K Y, Liu G R, Nguyen T T. An n-sided polygonal smoothed finite element method (nSFEM) for solid mechanics. Finite Elements in Analysis and Design, 2007, 43(11-12): 847-860.

[32] Song C M, Wolf J P. The scaled boundary finite-element method: alias consistent infinitesimal finite-element cell method: for elastodynamics. Comput. Methods Appl. Mech. Engineering, 1997, 147: 329-355.

[33] Song C M. The Scaled Boundary Finite Element Method Introduction to Theory and Implementation. Hoboken, New Jersey: John Wiley & Sons Ltd., 2018.

[34] Chen J, Li C J, Chen W J. Construction of n-sided polygonal spline element using area coordinates and B-net method. Acta. Mechanica Sinica., 2010, 26: 685-693.

[35] Timoshenko S P, Goodier J N. Theory of Elasticity. 3th ed. New York: McGraw-Hill, 1970.

[36] César de Sá J M A, Natal Jorge R M. New enhanced strain elements for incompressible problems. Int. J. Numer. Methods Engineering, 1999, 44(2): 229-248.

[37] Chen J, Li C J, Chen W J. A 3D pyramid spline element. Acta. Mech. Sin., 2011, 27: 986-993.

[38] Li C J, Chen J, Chen W J. A 3D hexahedral spline element. Computers and Structures, 2011, 89: 2303-2308.

[39] Chen J, Li C J. A 3D triangular prism spline element using B-net method. European Journal of Mechanics-A/Solids, 2019, 75: 485-496.